淡水养殖系列丛书

网箱养殖一月通

江苏省淡水水产研究所　组编

中国农业大学出版社
·北京·

图书在版编目(CIP)数据

网箱养殖一月通/江苏省淡水水产研究所组编. —北京：中国农业大学出版社，2011.10

ISBN 978-7-5655-0423-5

Ⅰ.①网…　Ⅱ.①江…　Ⅲ.①网箱养殖-基本知识　Ⅳ.①S967.3

中国版本图书馆 CIP 数据核字(2011)第 200759 号

书　　名　网箱养殖一月通
Wangxiang Yangzhi Yiyuetong

作　　者　江苏省淡水水产研究所　组编

策划编辑　赵　中　　**责任编辑**　田树君
封面设计　郑　川　　**责任校对**　陈　莹　王晓凤
出版发行　中国农业大学出版社
社　　址　北京市海淀区圆明园西路 2 号　　**邮政编码**　100193
电　　话　发行部 010-62818525，8625　　读者服务部 010-62732336
编辑部 010-62732617，2618　　出　版　部 010-62733440
网　　址　http://www.cau.edu.cn/caup　　**e-mail**　cbsszs@cau.edu.cn
经　　销　新华书店
印　　刷　北京鑫丰华彩印有限公司
版　　次　2011 年 10 月第 1 版　2011 年 10 月第 1 次印刷
规　　格　850×1 168　32 开本　4.625 印张　110 千字
印　　数　1～5 500
定　　价　10.00 元

丛 书 主 编　夏爱军

丛书副主编　唐建清　韩　飞

本 书 编 者　熊淮生　彭　刚　杨金林
卢丽群　王建美　李建伟

总　序

目前，我国淡水养殖业已由产量型向素质型转变，由解决“吃鱼难”向保障食物营养与安全转变，由丰富“菜篮子”向促进农业结构调整和农民增收转变；随着经济全球化的发展，更是面临着产业结构、贸易结构、产品质量、渔业资源和生态环境等变化。因此，水产养殖业能否提高产量和效益，主要看养殖生产者的观念能否与时俱进，随着时代的变化而转变；能否选择好一个新品种，掌握好行之有效的新技术。

近年来，高效农业的快速推进，使得特种水产养殖业发展迅猛，河蟹、青虾、克氏原螯虾、罗氏沼虾、南美白对虾、中华鳖、鳜鱼、鲈鱼、河鲀、黄鳝、泥鳅等名特优新水产养殖品种已达到规模化生产的水平，形成了自身的特点。各地在科技兴渔方针指导下，利用本地资源、特点和区域优势，大胆实践，勇于创新，新的养殖技术和模式不断涌现。为了促进水产养殖健康、可持续地发展和推广新品种、新技术、新经验的应用，满足广大养殖生产者的需求，江苏省淡水水产研究所组织有关专家和学者撰稿，编写了这套“淡水养殖系列丛书”。该套丛书共计 11 本，较系统地介绍了河蟹、青虾、克氏原螯虾、罗氏沼虾、南美白对虾、中华鳖、鳜鱼、河鲀、黄鳝、泥鳅和大宗淡水鱼类等水产品种的养殖方法，融入近年来获得的水产科技新成果、新技术和新经验；内容科学，以实用技术为重点；语言力求通俗易懂，并配有插图，以便读者理解、掌握和操作，适应不同层次读者的需要。“丛书”的出版发行，将为水产养殖业者提供一套致富的有效工具书，也为从事水产养殖等有关专业的科技和教学人员提供有益的参考资料。

江苏省淡水水产研究所所长　夏爱军

2010.5

前　言

近年来，随着生态渔业和高效渔业的迅猛发展，各种高效养殖模式不断涌现，一大批名特优新品种被开发利用，特别是网箱养殖，发展势头强劲。一方面，由于生态环境保护的力度不断加大，原先大水面养殖中的大片网围养殖被清退，代之而起的是适度规模的网箱养殖。另一方面，随着现代技术不断在渔业生产中的应用，“小、精、高”可控式养殖已成为水产养殖业的发展趋势，网箱养殖从大水面向池塘、河沟扩展。为适应这一发展趋势，满足广大养殖渔户对网箱养殖技术的需求，编者根据生产实际，特编写《网箱养殖一月通》这本小册，以供广大养殖户参考。

本书着重介绍网箱养殖的发展过程及趋势，详细阐述了网箱养殖的基础知识，是网箱养殖的共性部分，同时选取了近几年网箱养殖的主要品种，如大宗淡水鱼、螃蟹、黄鳝、青虾、乌鳢、翘嘴红鲌、黄颡鱼、鳜鱼、泥鳅、斑点叉尾鮰 10 个品种，对其养殖技术进行详细讲解。养殖技术分为两部分，一部分是介绍该品种与养殖密切相关的生物学特性；一部分是按照生产操作流程按生产顺序介绍具体操作方法，尽量做到按书操作即能生产的要求。

本书适用于生产一线的广大养殖户。由于编写水平有限，再加之编者视野的局限，书中难免存在这样或那样的不足，敬请读者批评指正。

编　者

2010.8

目　录

第一章 网箱养殖的概述

网箱养殖是在水体里设置由聚乙烯网片或金属及其他材料制成的箱体，在箱体内进行水产养殖的一种养殖方法。网箱养殖发展起初主要是在大水面中进行，养殖的品种主要以培育鱼种和成鱼养殖为主，经过几十年的发展，现代网箱养殖已经突破了原有的发展空间，养殖水体已由大水面发展到池塘，由鱼类养殖发展到螃蟹、黄鳝及其他特种水产品养殖，养殖的形式、产量、效益都有了较大的提升，是现代设施渔业的一种重要的养殖形式。

网箱养殖实际上是一种圈养的方法，网箱内外的水体是可以自然流动的，水通过水流、风浪、鱼群的游动等进行不断的更新，箱外新鲜水体不断补充进来，并源源不断地带来溶氧和浮游生物，为养殖生物提供必需的生长生活条件。同时水流也能带走无用的鱼类残饵及粪便等，使得网箱内的水域环境一直处于一种较好的状态，有利于养殖品种的生存。可以说网箱养殖过程中的水体交换，既保证了高密度养殖过程中不会缺氧，又能不断地补给天然饵料，同时还能保证水质清新，是一种将大型水体的优越自然环境条件同小型集约化精养方式有机结合的现代养殖模式，它比其他养殖方式更能充分利用大水面的有利条件。

第一节 国外网箱养殖发展过程

网箱养殖是从鱼类“暂养”中得到启示而发展起来的一种养殖方法，网箱养鱼最早始于柬埔寨，自 1851 年至今，至少有 160 多年的历史。当时由于技术经济条件落后，柬埔寨地域的交通主要依靠水路，湄公河附近许多渔民以简单的捕捞为生，当渔获物较多时，就把活鱼运至金边等地去出售，由于路途遥远，人们把捕获的活鱼暂养在船尾的小型竹笼中，人们经常无意识地投喂一些小杂鱼或食物残渣，从中发现经过投喂的鱼能迅速生长，大大提高了商品价值，此后这种网箱养殖方式在 20 世纪二三十年代由印度河爪哇传播到东南亚各国，人们把网箱养鱼又称为笼养鱼。

网箱养鱼是柬埔寨一种传统的养殖类型，湄公河下游是网箱养鱼的发源地，目前湄公河流域已普遍发展浮式网箱，形成网箱养鱼的水上渔村。历史上，柬埔寨的这种网箱养殖方式，大致在 20 世纪 30 年代流传到泰国，40 年代传播到印度尼西亚的爪哇岛，后又逐步流传到越南南方。柬埔寨网箱养殖的主要品种为鲇鲶、鳢鱼、胡子鲶以及鲤科鱼类，印尼的网箱养殖种类主要是鲤鱼，菲律宾主要养殖尼罗罗非鱼和遮目鱼。

日本网箱养殖的历史也较长，1928 年日本在四国小岛进行了小规模的网箱养殖鰤鱼，1930 年前后，当时福冈县渔民因鲫鱼在夏天的售价比较低，于是采用网箱暂养鲫鱼，到秋天再高价出售。第二次世界大战时期，日本政局混乱，水产养殖业也处于停滞阶段，到了 50 年代日本工业开始腾飞，经济开始复苏，日本对于高档水产品的需求不断增大，水域环境污染加剧，加之合成纤维的大量问世，日本在 50 年代初期开始用网箱培育鱼种，1951 年在宫崎县用网箱养殖鲤鱼，1960 年以后在长野县诹访湖、群马、茨城、山梨等县相继开展了网箱养鱼；1964 年以后网箱养鱼作为正式的养殖方式投入生产，并在诹访湖、霞浦等地进行了工厂化网箱养鲤。日本首先普遍推广浮式网箱，建立了专门化的网箱养鱼生产机构，在淡水方面以网箱养鲤最为发达，主要集中在琵琶湖、八郎湖、霞浦和诹访湖 4 个较大的湖泊，网箱养殖总面积达 1 400 亩，养殖总产量为 15 000 吨，其他品种有罗非鱼、香鱼、虹鳟等，一般养殖产量达 70 千克/米^3。海水网箱以养鰤鱼、真鲷为主，1980 年养殖鲷科鱼类网箱 14 234 个，总产量达 14 973 吨，1982 年网箱养鰤鱼产量达 14.6 万吨。日本网箱养殖的发展大致可分为 3 个阶段，20 世纪 30 年代为暂养阶段，50 年代为试验阶段，60 年代为推广阶段。70 年代以来，日本网箱养鱼技术发展更快，设计出了随风浪变化自动调节水层的可升降式网箱养殖系统，能承受一定台风袭击的抗风浪网箱，还有充气搅拌式网箱等，为发展外海网箱养鱼开辟了新途径，网箱养殖在日本已全面铺开，方法已规范化、系统化，已利用网箱在海面完成亲鱼产卵、苗种培育、商品鱼养成及饵料培养等一整套养殖生产过程，该技术方法既节约了土地资源和劳动力资源，又降低了成本。

由于网箱养殖方法的成功及人工配合饲料的迅速发展，加速了网箱养殖在世界范围内的进一步推广和发展，美洲国家于 50 年代开始向网箱小型化发展，网箱规格较小，多采用长、宽、高各为 1 米的小型金属网箱，单位产量较高，美国主要养殖虹鳟、斑点叉尾鮰、鲹科鱼类。苏联 1948 年开始研究网箱养鱼，1963 年开始在克拉松 3 号电站进行温水网箱养鲤试验，1968 年实验进一步扩大，在 9 个热电站分别建设网箱养鱼试验点，已经建成投产和即将建成投产的温水网箱养鱼场 15 个，1969 年起全苏联海洋渔业与海洋学研究所水生生物驯化研究室在亚速海的塔干罗格海湾进行海水网箱养殖。1975 年 3 月在全苏池塘养鱼研究所举行了全苏水库和湖泊网箱养鱼会议，讨论了天然水域网箱养鱼的技术现状。

波兰在温流水中采用网箱培育鱼种和养殖商品鱼，主要品种有鲤鱼、虹鳟、鲇鱼。近些年欧洲国家非常重视海水网箱养殖，发展最快的是挪威。20 余年前，挪威海水网箱养殖几乎是空白，1982 年产量仅 1 万吨，1996 年迅速发展到 29.2 万吨，主要养殖品种是大西洋鲑，也有少量的鲽、鳕及北极红点鲑，产品销往欧、亚、美。挪威解决了一整套大型网箱制造及养殖技术上的难题，包括网箱工程、自动投饵系统、疫苗生产及注射机、鱼类计数器、自动捕鱼机等，其大型网箱材料轻、成本低，可抗 7～10 米高的风浪。

日本、美国等网箱设置水域向外海扩大，苏联、法国、象牙海岸等国家向湖泊大水面发展，许多国家正积极地开展扩大网箱设置水域并向精养方向发展，国际网箱养殖逐步建立网箱养殖场，向生产规模大型化发展。

第二节 国内网箱养殖发展过程

我国网箱养殖时间不长，开始于大水面利用天然饵料养殖鲢、鳙鱼种，随后又进行鲢、鳙食用鱼养殖，在南方的大水域迅速得到推广。网箱养鱼自 1973 年中国科学院水生生物研究所和山东省历城县秀川水库首先以水体中的天然饵料或投以人工饵料的方法培育鲢、鳙、鲤大规格鱼种，取得一定成效。1974 年山东省淡水水产研究所、浙江省淡水水产研究所、湖北省白莲河水库等单位，利用水体中浮游生物饵料，网箱培育鲢、鳙鱼种获得成功。白莲河水库的 6 个网箱，总面积 168 $米^2$，放养全长 3.4～5.1 厘米鲢鱼苗，经 46～75 天培育，每平方米收获全长 13.1～19.3 厘米鱼种 266.5 尾，14.6 千克。湖北省浮桥河水库，1977 年利用天然饵料网箱培育鲢、鳙鱼种以来，1992 年网箱养殖面积达 4.6 公顷，年产鲢、鳙鱼种 8 万～12 万尾。随后全国各地的水产研究机构和生产单位在各种类型水域开展网箱养鱼试验，都取得了很好的效果，这些试验都肯定了在富营养型的水库、湖泊是可以利用水域中的天然饵料培育滤食性鱼种或饲养商品鱼。全国各地已有 20 余个省、市、自治区开展网箱养殖试验和生产，以浙江、湖北、安徽、山东等省发展较快，生产规模也较大。

20 世纪 70 年代后期，我国淡水网箱养殖的方式和品种有了新的发展，从主要依靠天热饵料的粗放养殖变为投喂配合饲料的精养，养殖品种为鲤鱼、罗非鱼、草鱼等摄食性鱼类。1977 年上海市水产研究所首先进行了网箱养殖罗非鱼，每平方米产量达 94 千克。近几年在美国奥本大学斯密脱教授的倡议、指导下，在我国的一些地区，推广 1～4 米^3 的小体积网箱养鱼，取得了很好的经济效益。如黑龙江省向阳水库，1992 年进行小体积网箱养鲤鱼试验，202 只网箱总面积 347 米^2，经 103 天的饲养，总产鱼 65 160 千克，平均每平方米产鱼 187.81 千克，其中 2 只 1 米^3 网箱，平均每平方米产鱼 246.7 千克。

20 世纪 90 年代后期，我国的淡水网箱养鱼种类又有了扩大，除了仍以鲤鱼、罗非鱼为主要养殖鱼类外，在广东、湖北、浙江等地，发展鳜鱼、鳗鲡、斑点叉尾鮰、加州鲈鱼等名优鱼类的养殖，取得了较好的生产和经济效益。湖北省浮桥水库 1987 年网箱养鳜获得成功，1992 年网箱养鳜面积达 1 000 米^2，产鳜鱼 7 233 千克，平均每平方米产鱼 7.23 千克。浙江省新安江水库，1988 年网箱养鳗鲡试验成功，1990 年养鳗鲡面积 1 044.7 米^2，经 18 个月黑仔鳗养殖成鳗鱼，产鳗鱼 31 326.8 千克，平均每平方米产鳗鱼 30 千克。1989 年珠江水产研究所与广东省肇庆市鼎湖区水产局合作进行了网箱养殖加州鲈鱼试验获得成功，1990 年养殖加州鲈鱼网箱总面积 589 米^2，经 7～11 个月饲养，净产鱼 19 958.3 千克，平均每平方米产鱼 33.9 千克。同年肇庆市鼎湖区水产局与湖北省机械化养鱼开发公司合作，采用机械化自动投饵网箱养殖美国斑点叉尾鮰，网箱总面积 666 米^2，放养全长 3 厘米的育苗，经 17 个月饲养，净产量达 9 万千克，平均每平方米产鱼 135 千克。目前我国淡水网箱养殖的主要品种有草鱼、罗非鱼、鳊鱼、鲤鱼、鲫鱼、鲢鱼、鳙鱼、团头鲂等，根据各地的情况和水域特点，有的以养鱼种为主，有的以养成鱼为主，有的混养，有的单养，1991 年我国农业部水产司与美国大豆协会合作，引进了小体积高密度网箱养鱼技术，在12个省市自治区进行了推广，产量达每立方水体150～350千克。目前网箱养殖已遍及全国大部分地区。

我国网箱养殖一开始是为了解决“吃鱼难”和开发水面资源而发展起来的，其养殖区域主要集中在水库、湖泊等大中型水体中，养殖品种也主要局限在鱼类养殖，但随着技术的进步和市场的变化，网箱养殖也发生了变化，养殖区域从原先的大水体扩展到池塘等小水体，养殖品种也从鱼类发展到鱼、虾、蟹等多品种养殖，养殖的方式也由传统的靠自然水体养殖发展为人工可控养殖。养殖的产量和效益都有大幅度的提高，是目前集约化、现代化养殖的重要养殖方式。

第二章　网箱养殖的生产特点

第一节　网箱养殖的基本原理

鱼类生产与水温、水中溶氧和饵料等有着非常密切的关系，静水池塘由于水中溶氧的限制，鱼种放养量受到限制，放养量不能过大，流水池塘由于有源源不断的新水注入，溶解氧随之增加，放养量也随之增加，而网箱养殖是一种高密度集约养殖的方式。

1. 滤食性网箱养殖

在传统的池塘养殖的花白鲢等鱼类，其通过不断地游动来滤食水域中的浮游生物，因此、放养密度不能过高，但在自然水体中设置网箱来进行养殖，即使放养密度较大，达到池塘培育鱼种的10～20倍，只要养殖水体中仍然有浮游生物等饵料剩余，这些生物饵料可以通过水流等源源不断地补充给网箱中的花白鲢，同时水流又能带来鱼类生长所需的溶氧，并将鱼类产生的代谢物通过箱壁不断排出到自然水域中。因此，只要湖泊、水库浮游生物的自然生产力未用尽，网箱设置区具有一定的微流水，网箱保持形状稳定、网目通畅，便可以获得相当高的产量。

2. 给食性网箱养殖

传统的池塘养殖由于不能合理地解决放养密度、水质和饵料之间的依存关系，通常会导致放养密度过高，养殖生物耗氧量较大，代谢产物不能及时排出，养殖水质环境容易恶化败坏，限制了高产高效健康养殖。但用网箱养殖方式就能很好地解决上述矛盾，获得较高的产量。网箱内良好的生存环境促进了饲料的消化利用，降低了饵料系数，养殖生物只能在小面积范围内活动，提高相互争食、降低能量消耗，增加营养积累，保证养殖产品个体健壮丰满。

第二节 网箱养殖的优缺点

网箱养殖具有机动灵活、高产高效、简便易行、生长快速等特点。由于网箱箱体不大，当网箱所在水域出现不利于鱼类生长的环境因子时，如大风、污染、水位变浅等，可以迅速将网箱移至环境适宜的水域继续养殖，避免发生因环境不适而造成的损失。一般网箱都设置在较大的水体中或在小水体中设置少量的网箱，箱内箱外只一网之隔，养殖环境接近自然，水流可由网孔通过，残饵及代谢产物可通过网孔排出箱外，可使箱内形成一个活水环境，因此箱体所在环境的溶氧、浮游生物等含量丰富，满足了养殖对象的需求，为网箱养殖实现高产高效奠定了基础。同时，网箱养殖和笼养家禽、生猪一样，养殖对象被限制在一个很小的范围内，限制了活动量，养殖对象的能量消耗相应减小，从而实现了快速生长。

一、网箱养殖的优点

(1)可以充分利用水体中的天然饵料和水域空间，在水质肥沃的水库、池塘、湖泊中饲养花白鲢、罗非鱼等，可以不投饵或者少投饵，最大限度地节约饵料。

(2)可以节约开挖鱼塘的土地、劳动力等成本，置办 1 亩鱼种箱一次投资 8 000～10 000 元，置办 1 亩成鱼箱一次投资 5 000～6 000 元，投资后养鱼一般当年即可收回全部投资成本，同时网箱在正常情况下可以连续使用五六年。

(3)应用水域范围较广，湖泊、河流、水库等地都可以设置网箱，这些水域不用修建工程，不存在渔农矛盾，宜推广。

(4)网箱养殖水质条件优越，在有微流水的区域设置网箱，水体中溶解氧能保持在每升5毫克以上，鱼体排泄物能迅速排出箱外，保证良好的水体环境，而且箱体内的鱼群被限制在一个较小的环境中，热量损耗较少，饵料充分，鱼类生长速度快，缩短了饲养周期，养殖产品生长快，品质高。

(5)网箱养殖灵活机动、饲养管理方便。特别是浮式网箱，可以随时离开不适宜的水域环境，实现游牧式放养，商品鱼上市方便，有利于活鱼运输和管理。在生产过程中，可以随时观察鱼群活动、摄食情况，发现鱼病可及时治疗，方便简单。

(6)网箱养殖可以控制繁殖，如罗非鱼在高密度情况下性腺发育受到抑制，在没有雄性的情况下也利于生长。

(7)在一个水体中可以结合进行几种养殖类型或养殖种类，而管理和产品仍然是分开的。

(8)起水容易，网箱养殖犹如水中的仓库，从销售上看是边饲养边销售，可以按需上市，需要多少就捕捞多少，收获时不需要什么特定的捕捞工具。

(9)可以投喂人工配合饲料，进行饲养名贵品种，实现高密度精养高产养殖模式。

二、网箱养殖的缺点

(1)网箱养殖受到许多客观条件的限制。如水位过浅或者水面过分波动不宜养殖，同时箱体周围要保持足够的水量及溶氧量。

(2)网箱需经常清洗。网衣需要经常洗刷，清除附着生物以保持网目通畅，保证代谢产物能顺利排出箱外。

(3)饲料等可能会通过网壁流失，需经常检查网箱，防止网衣破损发生逃鱼。

第三节　当前网箱养殖发展存在的问题

当前网箱养殖发展蓬勃兴起，网箱养殖面积不断扩大，养殖产量也不断增加，但网箱养殖在发展中也遇到一些问题：

一、饵料问题

网箱养鱼对饵料的需求量大，对饵料中蛋白质含量的要求也很高，但随着养殖业的发展，集约化程度不断提高，饲料原料供应越来越紧张，尤其是优质原料价格越来越高，导致饲料成本大增，开发价格低的高蛋白饵料迫在眉睫。

二、疾病问题

随着网箱养殖规模的不断扩大，新的养殖品种也不断增加，但养殖疾病逐渐增多，疾病已成为网箱养殖的一个严重问题。网箱养殖一旦发生疾病，感染速度特别快，发病率高，死亡率高，许多地方出现病害流行蔓延，在短时间内造成重大损失。

三、养殖污染问题

在一些适宜养殖的区域，如果网箱设置的密度过大，饵料投喂过多，大量残饵和排泄物会造成养殖水体环境污染，轻者导致水体富营养化，浮游植物大量繁殖，重者导致水域完全失去渔业生产能力。

四、科学管理问题

网箱养殖工艺和技术在逐步完善，但有关网箱养鱼的一些基础理论研究仍需加强，生产人员的科学管理知识仍待普及，有关合理放养密度和种群之间的管理，水域环境的负荷能力，鱼病的免疫和防治，饲养管理技术及经济效益和社会效益之间的关系等有待进一步研究。

第四节　网箱养殖的发展趋势

随着养殖技术的不断更新，网箱养殖发展的方向也发生了变化，呈现出4方面变化趋势。

1. 网箱养殖的水域从大水面逐步向池塘河沟等小型水体发展

为实现全人工可控养殖，网箱养殖在池塘、河沟等水体中得到了迅速应用和推广，集中表现为池塘网箱养黄鳝、蟹池中网箱养草鱼、河沟养草鱼等模式。

2. 网箱养殖的品种从单纯的鱼类养殖逐步发展为特种水产品养殖

目前网箱养殖的品种主要包括优质鱼类、螃蟹、青虾、黄鳝、河豚、乌鳢及其他地方土特品种。

3. 网箱制作的技术得到了迅速改进

箱体制作材料由过去以聚乙烯网片为主逐步发展为金属、塑料等，框架、沉子、浮子等附件由原始的竹子、油桶发展为钢管、泡沫、铁锚等，制作过程从过去的现场制作发展为工厂一次性成型，现场装配。

4. 网箱养殖的方式和养殖的目的也呈现出明显的变化

养殖的方式由过去的大面积逐步向小面积发展，现在的单个箱体一般不超过50米^2。养殖的目的不再是追求高产量，而是向高效益、高质量方向发展。网箱养殖明显地呈现出精品、高效、安全的生产态势。

第五节 网箱养殖的主要品种及模式

从目前江浙地区淡水网箱养殖来看，其主要养殖品种可分为2个层次。在大水面网箱养殖中，仍然以鱼类为主，主要品种为草鱼、花白鲢，也有少量的螃蟹、乌鳢等。在池塘网箱养殖中，养殖的品种较多，主要有青虾、黄鳝、泥鳅、其他特种鱼类。

网箱养殖的主要模式也分为两个层次。在大水面中以主养为主，一种是全人工投饵的高产精养模式；另一种是在河口较为平静的区域以花白鲢为主的免投饵养殖模式。在池塘网箱养殖中主要以某一单一品种为主，实施主养。如网箱养鱼、网箱养蟹、网箱养青虾、网箱养黄鳝等。

第三章　网箱养殖基础知识

第一节　网箱的分类

(1)网箱按大小分类可分为大型网箱、中型网箱和小型网箱。大型网箱面积一般在 60 米^2 以上,中型网箱面积一般在 30～60 米^2,小型网箱面积一般在 30 米^2 以下。现在有些地方在风浪不大且水草较多的水域设置的网箱也可达 400 米^2 以上,这种网箱设置的密度一般很小,网箱间隔都在几十米以上。

①大型网箱的特点:单位面积使用材料少、造价低,但其水体交换差、单产低、箱体笨重、抗风力差,损坏的网衣不易检查,放箱和收箱都很困难,同时不易观察生产情况,清洗附着物及起捕都不方便。

②中型网箱的特点:中型网箱介于大型网箱和小型网箱之间,具有造价低、用料适中、操作方便、易管理等特点,总之比大型网箱优点多,是养殖生产中首选的箱型。

③小型网箱的特点:小型网箱水体交换好、单产高、操作容易,便于防病治病、洗刷箱体,同时也便于鱼体的捕捞。但起捕也有不足之处,主要表现在网箱造价较高,在饵料投喂过程中饲料损失较大,带来养殖成本高。

(2)网箱按有、无盖网又可分为封闭式和敞口式网箱。养殖滤食性鱼类或在风浪较大的水域设置网箱及需要越冬的水面设置网箱一般采用封闭式网箱;在风浪较小的水域养殖吃食性鱼类或养殖鱼种一般采用敞口式网箱。

(3)网箱按设置方式分类可分为固定网箱、浮式网箱、下沉网箱。

①固定网箱:箱体上部露出水面,四角用牢固坚韧的桩固定,箱体上部高出水面1米左右,箱底离开底泥(图3-1)。此种类型的网箱由于有桩固定,比较牢固,可以设置在风浪较大、水流较急的水域。固定式网箱不能随水位变动而浮动,因此,箱体的有效容积(浸没水中的深度)就会因水位升降而发生变化,因此水位涨落太大的水域不宜设置。同时,由于网箱不能移动,不便检修操作。此外,鱼的粪便、残饵分解对网箱的水体污染较大,往往造成溶氧较低的生态环境。

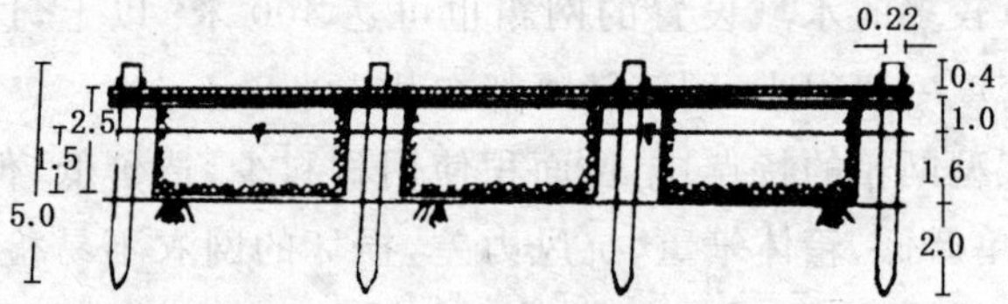

图3-1 固定式网箱示意图

②浮式网箱:是一种箱体可以随水位变化而上下浮动的网箱,其有效容积不会因水位的变化而变化,把箱体悬挂在浮力框架上(图3-2)。这种架设方式主要适用于水体较深、风浪较小的水库、湖泊。由于网箱离底较高,也可转移养殖场所,相对减轻了鱼类粪便和残饵造成的水体污染,始终保持良好的水质条件,浮动式网箱抗拒风浪能力较差,因此采用封闭式网箱为宜。

③沉式网箱:整个网箱沉入水下(图3-3),这种网箱适宜于设置在风浪较大的水域或海水养殖中,淡水水域使用较少,网箱要采用全封闭式,主要适宜用来养殖滤食性鱼类。

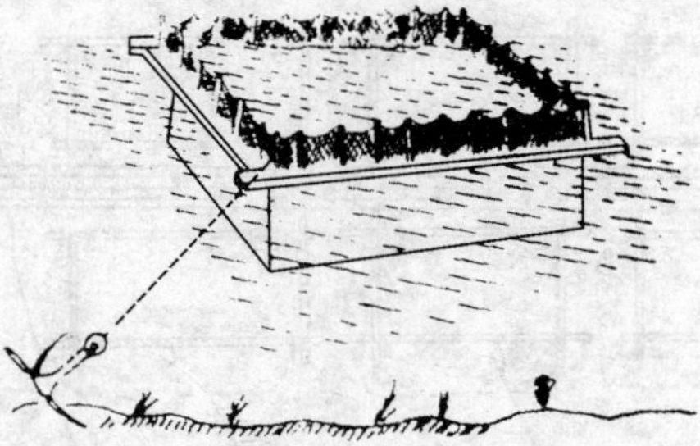

图 3-2 敞开式网箱示意图

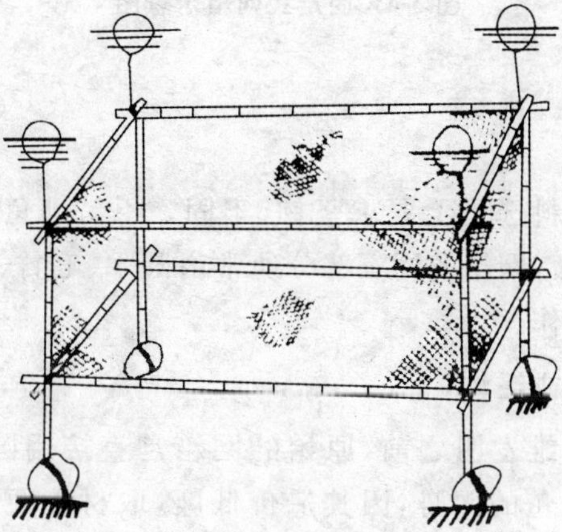

图 3-3 沉式网箱示意图

第二节 网箱的结构和材料

网箱的结构一般包括网衣、框架、固定桩、浮子、沉子及固着锚、水下桩等(图 3-4),有些地区为防止风浪对网箱的袭击,还设计了可以沉到水下的装置,此外,如网箱成批设置在离岸不远的水域中,还应配有适合管理操作的浮码头和栈桥等。

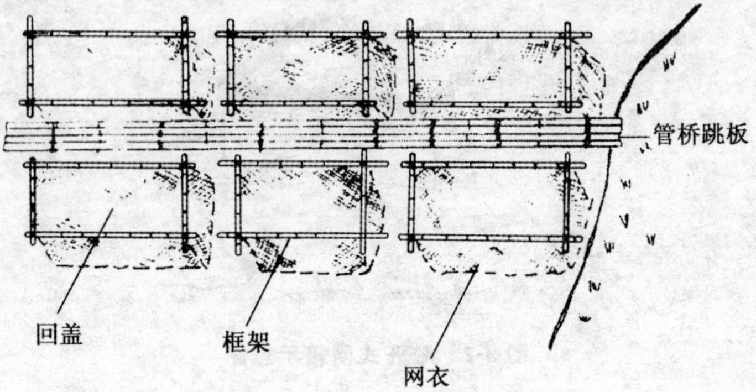

图 3-4 固定式网箱示意图

一、网衣

网衣在材料选择上要求坚韧、牢固。不易逃鱼，最好要操作方便，造价低廉，网箱的网衣部分通常由圆木、毛竹、金属网、合成纤维等材料制作。

（一）圆木或毛竹

在合成纤维发明之前，原始的网箱是直接用圆木或者毛竹等作为蓄鱼拦鱼的网身，因其造价低廉，取材方便，在网箱问世的前几年使用较多。优点就是网壁较厚，能防止敌害侵袭，不会发生逃鱼事件，缺点是非常笨重、使用寿命不太长。目前已基本淘汰。

（二）金属网片

金属网片一般由铁丝编制或钢板直接轧制，网身牢固、不易为敌害侵袭，但由于是铁制品，容易生锈，可以通过刷漆或镀层保护，防止生锈。但由于网箱造价高昂，装配复杂，目前也已基本淘汰。

(三)合成纤维

合成纤维是将人工合成的、具有适宜分子质量并具有可溶(或可熔)性的线型聚合物,经纺丝成型和后处理而制得的化学纤维。通常将这类具有成纤性能的聚合物称为成纤聚合物。与天然纤维和人造纤维相比,合成纤维的原料是由人工合成方法制得的,生产不受自然条件的限制。合成纤维具有强度高、质轻、易洗快干、弹性好、不怕霉蛀等优良特性。渔业上常用的合成纤维有聚酰胺类(丙纶)、聚乙烯类(乙纶)、聚酯类(涤纶)、聚氯乙烯类(氯纶)等,在渔业生产中网身不易发生霉烂,不需要进行防腐处理和曝晒,强度高,吸水性小,重量轻,且价格合理。

目前应用最普遍的是聚乙烯网片,聚乙烯简称 PE,是乙烯经聚合制得的一种热塑性树脂。在工业上,也包括乙烯与少量 α-烯烃的共聚物。聚乙烯无臭,无毒,手感似蜡,具有优良的耐低温性能(最低使用温度可达－70～－100℃),化学稳定性好,能耐大多数酸碱的侵蚀(不耐具有氧化性质的酸),常温下不溶于一般溶剂,吸水性小,电绝缘性能优良。一般密度在 0.91～0.96 克/厘米^3,聚乙烯网片具有强度高、不吸水,耐腐、耐低温、价格便宜等优点。且聚乙烯网片光滑,不伤鱼体,网目经定型不走样,箱体柔软,便于缝合,不易开孔逃鱼,成本较低。但一定要注意,箱底不可用密眼网布,密眼网布易引起箱底漂浮,造成鱼体不安而易擦伤。

合成纤维编织的网片又分为有结节和无结节网衣两种,有结节网片是用低压聚乙烯作原料,通过挤出单丝,捻成合股线,用手工或编织机编成不同网目的网片,鱼种网箱网片股线略少,成鱼网箱股线略多,手工编结的网片造价高,网目规格不整齐,加工速度慢,机编网片造价也比较高,但网目规格整齐,加工速度快。无结节网衣因无网节,所以使用网线材料省,滤水性能好,非牵伸无结网片通过塑料挤出机直接制成的网片,这种加工工艺生产速度快，产量高，挤出的网片光滑无结，但横向拉力差，价格便宜。牵伸无结网片加工时经过热处理和牵伸设备制成，单向牵伸网横拉力差，双向牵伸网拉力较强，纵拉力和横拉力一样，网片光滑，节点小，造价低，在目前使用较多。

二、框架

框架的作用是固定箱体，使箱体张开并保持一定的形状，框架的材料常用毛竹、木材、钢管、塑料管等材料构成，框架的设计因养殖对象不同、设置水域不同而多种多样，一般框架内径要比网箱的边长大20～30厘米，目前国内采用的多是竹木框架，它具有制作容易，装配简单，成本低廉、维护省力的优点，但竹木框架容易被腐蚀，使用年限较短。用毛竹制成的框架，面积较小时，一般(3～6)米×(3～6)米的网箱，通常达成“口”字形，用4根毛竹。面积较大的情况下，如10米×10米，则必须达成“田”字形，每边用两根毛竹结长，每个框架要用12根毛竹。钢框架制作较复杂，造价高，但坚固耐用，作业方便，可实施机械投饲。框架边框的交接处要确保连接牢固，把箱体固定在框架上，可保持箱体张开、成型。

三、浮力装置

浮子是能使网箱系统在水中处于一定位置，使网箱浮于水上并保持一定形状的装置，不管是浮式网箱还是沉式网箱都要采用浮力装置，浮力装置通常固定在网箱框架的下面，常用泡沫、密封塑料桶和球形塑料浮子，或用铁油桶系在框架上作浮子。竹、木制成框架在支撑箱体的同时，也起着浮子的作用。选择浮子的材料要价格便宜，单位体积轻，浮力大(表3-1)。我国网箱养殖最早采用的浮子是以竹木为主，后来随着塑料工业发展迅速，塑料浮子开始广泛应用，其具有浮力大的优点，部分养殖池也因地制宜地采用橡皮球、汽油桶、空心玻璃球及密封的酒坛等作为浮子，效果也不错。

浸在液体里的物体受到液体向上托的力叫做浮力，浮力的方向竖直向上。浮力产生的原因，浸在液体里的物体受到的上、下表面压力差。根据阿基米德原理，物体在液体中，托力的大小等于物体所排开的液体重量，浮子的浮力等于浮子的托力减去浮子的自重。

$$\text{浮子浮力}\ Q = P(\text{托力}) - G(\text{浮子自重})$$

浮率是指浮子在水中的浮力与浮子本身重量的比值，比重轻的塑料在水中的浮力及浮率最大(表3-1)。

$$\text{浮率} = (1 - \text{浮子材料的比重}) / \text{浮子材料的比重}$$

表3-1　浮子的比重、浮率和浮力

材料	泡沫塑料	杉木	竹	软木
比重	0.18	0.32	0.51	0.20
浮率	4.56	2.13	0.961	4.00
浮力	0.82	0.68	0.49	0.80

四、沉子

沉子是使箱体下沉、张开，不受水流和风浪影响而始终保持一定形状，并使网箱箱底沉于水中的装置。一般选用密度大的材料制成，如沙袋、石块、水泥块、铁块、铅块等，铅块密度大且不会生锈，但价格较高。铁块密度较大造价低，但在水中容易生锈损坏网衣。使用石块和水泥块时，要用柔软的材料包裹好，以免外表毛糙而损坏箱体。有条件的可用直径2～2.5厘米的钢管，既可撑开底网，又可当沉子用，但制作拐角处的连接时，要使其呈圆弧形，并保持光滑，最好用橡皮或布料缠裹，防止损坏箱体。也有用镀锌白铁管围成底面大小，置于箱底既可做沉子，又可把网箱撑开。

$$沉子的沉降力\ Q = G - P$$

式中：G 为沉子自身重量，P 为沉子在水中所受到的托力。比重大，价格适中而又坚固的材料最适宜制作沉子。

五、固定装置

固定装置是指将网箱固定在水体某一区域的装置，通常是用锚、锚绳、竹桩、水泥桩等。固定式网箱一般采用竹桩或水泥桩固定，将绳子一端系在网箱的角上，另一端缚在水下的桩头上，固定式网箱的绳索最好长一些，以便在水位升降时不至于网箱顶部浸没在水中。浮式网箱一般采用铁锚固定，锚的大小可视水域风流、流速及鱼排的大小而定，锚绳通常采用钢索、铁链、聚乙烯绳及白棕绳等。为使得网箱底部定形，浮式网箱底部外侧最好衬一"口"字形的铁框，并用绳子将其与箱底纲扎牢固，这样即使受到风浪袭击，还能保持长方体的外形。

六、栈桥和浮码头

(一)栈桥

给食式网箱养殖为了投饵、操作及管理上的方便，网箱与堤岸之间必须用栈桥连接。栈桥由脚桩、梁和跳板组成。脚桩、梁、跳板一般采用木制，也可用钢筋混凝土梁柱，上面铺钢筋混凝土预制板。此种结构投资大，但安全可靠。有的大型网箱养殖场，在栈桥的终端还设平行堤岸的固定走道，这样投饵就十分方便。北方地区在冬天，因为天气较冷，冰层较厚，结冰时因冰的浮力，栈桥的桩子可能会浮上来，故要定期将松动的桩子打牢加固。

(二)浮码头

浮码头是不打桩用汽油桶作浮子制成的一种浮式码头，大型的养殖场也可用空船加锚固定作浮码头。在每天水位涨落差较大的水域，或者由于岸边坡度较缓而必须使网箱设置在离岸较远的水域，就使用这种浮码头代替栈桥。浮子应密封好，容积大。较大的浮码头可设置水上管理用房，提供休息及作为小型仓库。房子不能太高，应注意稳定性及抗风能力，布局紧凑。固定浮码头时，可在岸上打桩，一端固定，一端用锚绳固定。在湖心的码头只能用抛锚固定。

七、网箱附属设备

（一）底部衬网

投饵式（给食式）网箱养鱼在网箱的底部应装有衬网，这样可以提高饵料的利用率，减少饵料流失，获得较好的饵料系数。衬网铺设在网箱底部，一般用规格为 100 目/厘米^2 的密眼网纱作底部衬网。小型网箱最好在底部全部铺上密眼网衣，这样当投喂饵料时，部分未食完的残饵暂留在网底，可以重复食用，以提高饵料利用率，较大的网箱在投饵位置网底部铺设 1/4～1/2 面积的密眼网布，也能达到相同的效果。

（二）食台

食台是投饵时网箱中鱼类摄食的场所。食台一般为正方形方框。小型网箱的食台为 1 米^2，中型网箱面积 36～60 米^2，食台应增大到 2 米×2 米。食台可用木板制作。投饵时将饵料投入食台正中，使饵料由食台的垂直方向缓慢下沉，鱼类入食台框的下方摄食。食台框也可用密眼网衣围成方形，用浮框或浮子定形后浮在网箱正中，网衣应下沉到水中 0.3～0.5 米，这样使饵料不易经鱼尾摆动而随水流外溢，造成不必要的浪费。在给食式网箱中这些装置十分重要，能有效提高鱼类等对饵料的利用水平，降低饵料系数。

八、其他附属设施

网箱养殖一般要准备一些为正常生产配套服务的必备工具，除池塘养殖的正常生产用具外，主要包括：

1. 小艇

用作交通和运输饲料、鱼苗等，一般每亩网箱配备载重2.25吨的渔船一条，可以是机动渔船，也可以是非机动渔船。

2. 洗网机

由于网箱长年累月浸泡在水中，极易被附着大量藻类，造成网箱水流不畅，高压喷枪主要用于洗刷网衣。采用高压水泵或水枪清洗网箱，将换下的网箱放在鱼排上或在路上吊挂后冲洗。

3. 投饵机

适合淡水框架网箱。投饵机抛撒面积大、抛洒均匀，有利于鱼的摄食，可以提高饵料的利用率，降低饵料系数。在投喂过程中及时根据鱼的摄食情况调整投料量，减少饵料的损失。投饵机的选择要注意考虑网箱的大小、网箱设置的密度以及网箱载鱼量等因素。

4. 绞肉机

饲养肉食性鱼类，投喂鲜饵料鱼时，用来将饵料鱼绞成肉酱或切成鱼块。

5. 冷冻设备

以鲜鱼为饵料时，用来保存冷冻饵料鱼的冷库等。

6. 沙袋

主要用于网箱养殖中遇大风时应急，当大风来时可在网箱中投入部分沙袋，以防网箱被风刮走。

7. 毛竹

也是主要用于加固网箱，在每年夏季狂风暴雨较多的7、8、9三个月份，在网箱的四角和四边应加插部分毛竹，以抗拒狂风暴雨。

8. 备用网片

主要用于当网箱发生大面积损坏时修补用。

9. 增氧设施

在水流呈季节性不畅的水域，也可像池塘养殖那样，配备增氧设施。

第三节　网箱的设计

一、网箱的形状

有长方形、正方形、圆柱形、八角形等。目前生产上用长方形为多，其次是正方形，因其操作简单方便。

二、网箱的大小

最小的网箱面积 1 米^2 左右，通常 1～15 米^2 的网箱属小型网箱，网箱面积在 15～60 米^2 的为中型网箱，大型网箱面积在 60～100 米^2，更大的有 500～600 米^2。一般来说，网箱的面积不宜过大，过大操作不便，抗风力差。但过小的网箱产量虽高，但造价高。养草鳊鱼的网箱规格一般在 300 米^2 左右。

三、网箱高度

网箱的高度依据水体的深度及浮游生物的垂直分布来决定。目前多用高 1.5～2.5 米。水体深亦可用高 2～4 米的网箱。水域水体较深时网箱底与水底的距离最少要在 0.5 米以上，以便底部废物排出网箱，但目前生产中为了方便，大多是与底泥相连的。

四、网目大小

箱体网目的大小应根据养殖对象来决定，以节省材料和达到网箱水体交换为原则。网目过小，不仅使网箱成本增加，而且影响水流交换更新；网目过大，又出现逃鱼现象。通常放养 4 厘米夏花鱼种，用网目 1.1 厘米的网箱；放养 11～13 厘米的 1 龄鱼种，用网目 2.5～3 厘米的网箱；养成鱼的网箱，用 3～5 厘米网目的网箱。为了使水体交换通畅，减少网箱冲刷次数，最好随鱼种的长大，转换较大网目的网箱。网目大小的确定，常规鱼类可参照关系式 $a=0.13L$，a 为网目单脚的长度；L 为养殖鱼的全长。

此外，网箱在养殖螃蟹、黄鳝等水产品种时要加盖或加上其他防逃设施，以防这些品种外逃。

第四节　网箱设置地点的选择

网箱养殖依靠箱内外水体交换，保持网箱内有一个良好的生态环境，因此，网箱设置地点环境条件好坏，与网箱养殖成败有关。设置网箱的地点应具备如下条件：

(1)水面宽阔，水位稳定，避风向阳，水温高，水深 2.5～4 米，环境安静，水质清新，无污染，酸碱值为中性偏碱的水域为好。

(2)选择自流水域的水体。水流速度一般最好是 0.05～0.2 米/秒，以保证氧气的供应。水流过急，常使箱内养殖的鱼类或其他水生动物顶流游动，消耗体力，影响生长。

(3)以养鲢、鳙为主的网箱，应选择水质肥沃、浮游生物丰富透明度 30～50 厘米、水中含泥沙杂质较少，能够承接农田来水的水域。水质浑浊，不利于浮游生物的生长。

第五节　网箱的安装

网箱安装的最关键点是保证箱体能够自然舒展，稳固安全。为此，安装网箱时，网箱的上口主要靠框架支开。在网箱的下口四角要用锚头或其他沉子呈“八”字形拉开，一方面使箱体展开，另一方面对箱体起稳固作用。对在广阔水面中养殖的，还应在网箱的四角和四边用毛竹插入水底以加固箱体，以防狂风暴雨。网箱设置的深度，一般不超过 3 米，凡水质肥、浮游植物丰富的水域，网箱应设置在较浅水层，在水质较瘦的水域，或养鳙鱼为主的网箱，可酌情设置在较深一点的水层内，但不宜过深。安装时，如水域深度达 3 米，箱底可离开底泥 30～50 厘米，如水域水深较浅，箱底也可贴近底泥。

网箱设置宜呈“品”字形分布；河道网箱一般呈“一”字形，既能保证网箱水体的充分交换，也不影响水上交通和排泄的需要。网箱间距 2～3 米，每排网箱之间的距离应在 10 米以上。

网箱的密度应根据水质条件和管理条件而确定。养殖鲢、鳙鱼的网箱，在饵料丰富的肥水水域，网箱可占大水面的 1%，水质较瘦的为 0.5%。养殖吃食性的鱼类，要根据水域本身的水流情况、水质肥度、溶氧量高低而定。若水流动好，肥度适中，溶氧高则可以多设置网箱，反之则少。

第六节　网箱的清洗及修理

在网箱养殖生产中，由于箱体长期浸泡在水体中，网衣因大量着生藻类生物或其他杂物而堵塞网目，造成网箱的滤水性能降低，致使网箱中的养殖品种因缺氧或滤食不到浮游生物而生长不良。通常网箱污物的清除方法有清洗法、曝晒法、沉箱法、化学法和生物法，这里只介绍 3 种常见的方法。

1. 机械清洗法

这是目前普遍使用的方法。一人提起网具，另一人用高压水枪冲洗即可。此法劳动强度低，并能加快清洗网具的速度。

2. 生物清除法

在箱内混养吃藻类的鱼类，吃掉附着物。实践表明，团头鲂、鲫鱼、鲤鱼都可以有此作用，在南方地区还可以投放部分罗非鱼。

3. 化学清箱法

在网具上涂附一层碳酸钙粉或其他钙化合成物，能增强网具的柔软性能，从而使油污物不易附着。为了使碳酸钙粉末与网线充分凝固，可用聚氯乙烯、聚酰胺等作为黏合剂。使用时，先在网上附上黏合剂，然后加碳酸钙粉末，或将两者混合后再涂于网上。按此法处理的网具不仅经久耐用，而且防堵性能良好。此外，用硫酸铜 0.7～1 毫克/升对网衣进行浸泡或冲洗，也可减少藻类附着。

当网箱出现破损时应及时修理。平时生产中主要是检查箱体和纲绳，当纲绳发生破损或断裂时应迅速进行更换，当箱衣发生破损时，如洞口较小则可织补，如破口较大则需用网片直接缝补。

第四章　网箱养殖的水域环境

网箱养殖是一种高密度集约化养殖方式，对水体的水质和环境有较高的要求，这些环境条件的好坏直接影响网箱养殖的产量和效益，因此在选择设置网箱养殖水体时，应考虑到养殖水域的水质条件和生态环境。

第一节　水域的光照和透明度

一、光照

光是水生生物赖以生存的重要环境因素之一。光能带来动、植物生长所必需的能量来源，影响水生植物的光合作用、色素的形成和鱼类的颜色、形态构造、生殖、运动、分布和生活习性。在光照条件的影响下，动物可以显示和改变其颜色，同时光照对鱼类的某些内分泌器官有一定影响。

一切水生动物都需要光，不同种类对光的适应能力不一样。动物的趋光性或背光性就是对这种生态因素的一种适应，如浮游动物在水域中的垂直分布和昼夜垂直移动就是对不同光适应的反应。浮游生物栖息在光度最适合的水层里，当光度发生昼夜变化时，它们的垂直分布也相应变化；在黄昏时刻升到上层，黎明后逐渐下降，这种现象与光照的周日节律是一致的。

光也是决定水域生产力优劣的重要因素，水中绿色植物通过光合作用将水体中的无机物转换成有机物，部分有机物是滤食性花白鲢鱼类的主要食物来源。水中悬浮物和溶解物质越多,光透入水层就越浅。各种浮游植物对光的要求是不相同的,浮游植物中蓝藻类喜欢强光和高温,绿藻次之,硅藻和金藻等喜弱光和低温,所以光照和浮游生物的垂直分布直接相关,同时也间接影响鱼类生长的好坏。一般在江河、湖泊、水库中浮游植物以水面以下至 2 米处最多,而浮游动物在 0～4 米范围内较多,因此,网箱的常规深度也是依次为度。

二、透明度

水体的透明度是太阳光进入到水体内的量度。把透明度板也叫 Sechi 板(直径 25 厘米,用油漆按对角线的位置漆成黑白相间的 4 块)逐渐沉入水中到恰好看不到板面黑白色轮廓,此时的深度为透明度,以厘米或米做单位。透明度与水体中浮游生物、微生物、有机碎屑、泥沙及其他悬浮物的含量有关。不同水体透明度的大小差异很大。江河水的透明度主要取决于水体中泥沙含量,丰水期泥沙含量大,透明度低,枯水期泥沙含量小,透明度高。水体浑浊,透明度低的河流不适宜网箱养殖。湖泊水库由于水体处于相对静止状态,水中泥沙易沉降,除汛期和某些过浅的湖泊外,水中的透明度主要取决于浮游生物的含量。因此透明度指标一般可反映出水中浮游生物的含量。有些清洁水体,其透明度可达数米,这种水溶氧丰富,但浮游生物数量较少,只适合养殖吃食性鱼类。有些自然水体透明度在 30～50 厘米,这种水体只要溶氧高,既适合养殖吃食性鱼类,也适合养殖滤食性鱼类。透明度在 30 厘米以下的水,对于网箱养殖来说,一般属于过肥的水,在夜间无风天气容易缺氧,也不宜进行网箱养殖。

第二节 水域的溶解气体

一、溶解氧

空气中的分子态氧溶解在水中称为溶解氧。水中的溶解氧的含量与空气中氧的分压、水的温度都有密切关系。在自然情况下，空气中的含氧量变动不大，故水温是主要的因素，水温愈低，水中溶解氧的含量愈高。溶解于水中的分子态氧称为溶解氧，通常记作 DO，用每升水里氧气的毫克数表示。水中溶解氧的多少是衡量水体自净能力的一个指标。在 20℃、100 千帕下，纯水里大约溶解氧 9 毫克/升。有些有机化合物在喜氧菌作用下发生生物降解，要消耗水里的溶解氧。如果有机物以碳来计算，根据 $C+O_2=CO_2$ 可知，每 12 克碳要消耗 32 克氧气。当水中的溶解氧值降到 5 毫克/升时，一些鱼类的呼吸就发生困难。水里的溶解氧由于空气里氧气的溶入及绿色水生植物的光合作用会不断得到补充。但当水体受到有机物污染，耗氧严重，溶解氧得不到及时补充，水体中的厌氧菌就会很快繁殖，有机物因腐败而使水体变黑、发臭。溶解氧是研究水自净能力的一种依据。水里的溶解氧被消耗，要恢复到初始状态，所需时间短，说明该水体的自净能力强，或者说水体污染不严重。否则说明水体污染严重，自净能力弱，甚至失去自净能力。

水中溶氧的来源有大气中氧的溶解以及水生植物光合作用以及水体水流交换补充的氧气。河水由于处在不断流动状态，以从大气中溶入为主。湖泊、水库因水体相对静止，从大气溶入的相对较少，但相对贫营养型水域，从大气溶入仍是水中溶氧的主要来源。富营养型水域则主要靠浮游植物的光合作用产生氧气。水体中溶氧的消耗主要是由于水生生物包括鱼、虾、蟹以及贝类、浮游生物、细菌等生命活动中呼吸耗氧，生物量越大，呼吸耗氧量越多。

水中的溶氧一般随水温的升高而减少，初春融冰时期，水中溶氧量较高，炎热的夏季含量较低。水体中大量浮游植物的光合作用，可使水中的溶氧量达到过饱和，入夜水生生物的呼吸和有机物的分解，消耗大量的氧气，使得翌日凌晨溶氧量降到最低点，甚至造成鱼类缺氧死亡。因此，水中的溶氧量是在不断变化的，特别是养鱼水体变化更为剧烈。水中的溶解氧是鱼类赖以生存的重要生活条件之一，鱼类的生命活动离不开氧，鲢、鳙、草鱼等温水性鱼类在生长适温范围内最低需氧量 3 毫克/升，虹鳟等冷水性鱼类为 5 毫克/升，低于此限，鱼类的摄食与消化吸收降低，生长缓慢甚至窒息死亡。随着溶氧量的提高，其摄食量、饲料转化率、生长速度及鱼产量也相应提高。温水性鱼类溶氧要求一般在 4 毫克/升以上，最佳溶氧量为 5.5 毫克/升。溶氧量 0.7～1.0 毫克/升是多数鱼类的致死限量，罗非鱼的致死限量为 0.3 毫克/升。

我国内陆大部分水域溶氧充足，适宜网箱养鱼，但应防止网箱密度设置过大，网目过小，网衣附着生物过多水体交换受阻导致的局部缺氧。

二、二氧化碳

大气中游离的二氧化碳的含量为 0.3 毫克/升，当大气与水处于平衡时，在 0℃的水中溶解度为 0.51 毫克/升，25℃的水中溶解度为 0.22 毫克/升。水中二氧化碳的来源并不完全来自于空气，也可由动、植物的呼吸和有机物的分解产生。二氧化碳在水中与水以及碳酸盐和碳酸氢盐构成一个复杂的可逆反应，即二氧化碳系统。鱼类对游离二氧化碳的含量较敏感，水中二氧化碳过多对鱼类有麻醉作用，甚至中毒致死。这是因为二氧化碳过多时鱼类呼吸运动加快，血液中的二氧化碳也相应增多，降低了血液的 pH 值，并降低鱼类血液中的血红蛋白和血色素对氧的亲和力所致。水中二氧化碳也有水平、垂直、昼夜和季节的变化，一般与氧的变化情况相反。如一天中，白天水中二氧化碳被植物光合作用消耗到最低水平，而晚上光合作用停止，加之水中动、植物呼吸和有机物分解作用仍在继续，使得水中二氧化碳继续增加，在清晨达到最高值。

一般天然水体中的二氧化碳不会达到鱼类的致死浓度，因此在池塘、湖泊或网箱养殖中一般不考虑这一指标，但高浓度的二氧化碳对鱼类有一定的毒害和麻痹作用。鲤科鱼类试验表明，在水中溶氧含量充分的条件下，二氧化碳含量不超过 30 毫克/升，不会对鱼类的生长产生不利影响，超过 80 毫克/升，鱼类呼吸困难，超过 100 毫克/升时会发生昏迷仰握现象，超过 200 毫克/升就会引起死亡。

三、硫化氢

硫化氢是水产动物的剧毒物质。大约 0.5 微升/升的 H_2S 可使健康鱼类急性中毒死亡。当水中的硫化氢浓度升高时，其生长速度、体力和抗病能力都会减弱，严重时会损坏鱼、虾的中枢神经。

硫化物在水中通常以 HS^- 和 H_2S 两种形式存在，它们存在的比例受 pH 值调节。H_2S 有毒而 HS^- 无毒。同量的 H_2S，pH 值越低，毒性越大。我国渔业水质标准规定硫化物的浓度(以硫计)不超过 0.2 毫克/升。但对于有些特种鱼类或苗种养殖中，硫化物的浓度应在 0.1 毫克/升以下。硫化氢有臭蛋味，具刺激、麻醉作用，对鱼类有很强的毒性。硫化氢在有氧条件下很不稳定，可通过化学或微生物作用转化为硫酸盐。在底层水中有一定量的活性铁，可被转化为无毒的硫或硫化铁。

水体中的硫化氢通过鱼鳃表面和黏膜可很快被吸收，与组织中的钠离子结合形成具有强烈刺激作用的硫化钠，并还可与呼吸链末端的细胞色素氧化酶中的铁相结合，使血红素量减少，血液丧失载氧能力，同时可使组织凝血性坏死，导致鱼类呼吸困难，严重影响鱼类的健康生长，有的甚至大批量死亡。中毒鱼类的主要症状为鳃呈紫红色，鳃盖、胸鳍张开，鱼体失去光泽，漂浮在水面上。

在缺氧条件下，硫化氢的来源途径有二，一是含硫有机物经过嫌气细菌分解而成，二是水中硫酸盐丰富，由于硫酸盐还原细菌的作用，使硫酸盐变成硫化物，在缺氧条件下进一步生成硫化氢。解除硫化氢的毒性主要是提高水中的溶氧量，避免池底发生厌氧状态。对那些水体中含硫化氢量高的鱼池，可每亩泼洒400～500毫升双氧水，这样可以有效地提高水体中的溶氧，从而避免硫化氢的产生。其次还可使用氧化铁剂，每亩放入一定量的细小铁屑，使硫化氢成为硫化铁沉淀而消除其毒性。

四、氨氮

池塘中的氨氮主要来源于3种途径，水生动物的排泄物，施加有机肥料和被微生物菌分解的饵料和动、植物尸体。养殖鱼类可通过鳃丝和尿液向水体排泄氨氮，鱼类通过鳃和触角腺向水体排出体内的氨氮，以免发生体内氨中毒。水生动物的粪便及动、植物尸体中含蛋白质，被塘中的微生物菌分解后形成氨基酸，再进一步分解成氨氮，鱼类的含氨排泄物中80%～90%为氨氮，其多少主要取决于饲料中蛋白质的含量和投饲量。根据饲料转化率等有关参数，氨氮数量是可以推算的。如输入饲料氮中25%为鱼体保留，75%被排到水体中，其中溶解性氨氮约占62%，固体颗粒氮占13%。当投入1千克含32%蛋白质饲料时，氨氮量为1 000克×0.32×0.62÷6.25＝31.7克(N)，也就是投喂1千克饲料就有 31.7 克 N 作为氨氮释放到水体中。由于鱼类需要蛋白质不同，释放到水体中的氨氮量也不同，投喂饲料的蛋白质含量越高释放到水体中的氨氮越高，造成水体污染也越严重。氨氮对水生动物的危害有急性和慢性之分。慢性氨氮中毒危害为摄食降低，生长减慢，蜕壳不遂，组织损伤，降低氧在组织间的输送，鱼和虾、蟹均要与水体进行离子交换，氨氮通过增加鳃丝的通透性，损害鳃的离子交换功能，使水生生物长期处于应激状态，增加动物疾病的易感性，最常见会导致河蟹烂鳃、黑鳃病，降低生长速度，最终死亡。急性氨氮中毒危害表现为水生生物亢奋，在水中丧失平衡、抽搐，严重者甚至死亡。

氨氮毒性强弱不仅与总氨量有关，且与它存在的形式也有一定关系，离子氨氮 NH_4-N 不易进入鱼体，毒性也较小，而非离子态的 NH_3-N 毒性强，当它通过鳃、皮膜进入鱼体时，不但增加鱼体排除氨氮的负担，且当氨氮在血液中的浓度较高时，鱼血液中的 pH 值相应升高，从而影响鱼体内多种酶的活动性。经研究证明，当 NH_3-N 在血液中浓度较高，会降低 APK（血清碱性磷酸酶）和 LSZ（血清溶菌酶）的活力，其活力异常变化，反映了机体代谢功能失常或组织机能损伤，因而导致鱼体不正常反应，表现为行动迟缓、呼吸减弱、丧失平衡能力、侧卧、食欲减退，甚至由于改变了内脏器官的皮膜通透性，渗透调节失调，引起充血，呈现与出血性败血症相似的症状，并影响生长。氨氮毒性与池水的 pH 值及水温有密切关系，一般情况，温度和 pH 值愈高，毒性愈强。这也是鱼类在夏季 pH 值超过 9 时，易发生氨中毒的原因所在。所以水域中的氨也是网箱养殖的一个重要生态环境因素。

第三节　水域的酸碱度

水中的酸碱度即水体中氢离子的浓度，一般以 pH 值表示，它是水域环境中直接影响鱼类生理状况、生长发育的重要因素。pH 值通常分为 14 个等级，pH 值小于 7 为酸性，大于 7 为碱性，等于 7 为中性。人们习惯上称 pH 值为 5 以下的水为强酸性水，5～6.5 的水为弱酸性水，6.5～8 的水为近中性水，8～10 的水为弱碱性水，10 以上的水为强碱性水。网箱养殖的水以 pH 7～8.5 为宜。鱼类对 pH 值适应性较广，一般可生活在 pH 6.5～9.5 的水中(表 4-1)。

表 4-1　主要经济鱼类的 pH 值适应范围

鱼类	死亡低值	适应范围	死亡高值
鲤鱼	4.3	4.4～10.4	10.5
四大家鱼	4.4	4.6～10.2	10.4
鳟类		5.0～9.0	
鲟类	5.5	6.4～7.6	

水体的酸碱度有较明显的昼夜变化，并与二氧化碳的变化有一定的相关性。通常白天因水中光合作用加强，植物吸收二氧化碳强烈而使 pH 值上升，晚上光合作用停止而水生植物呼吸作用照常进行，水中 pH 值下降，到黎明前降到最低。pH 值对水质、水生生物和鱼类都有很重要的影响，关系着水中氨与铵离子的平衡，水体酸性时，有机物的氧化分解受到抑制，影响水体的物质循环和能量交换，酸性水体可使鱼类血液中 H^+ 浓度上升，削弱它的载氧能力，造成缺氧症，鱼类生长受到抑制，代谢降低、摄食减少，消化率低，体质下降，抗病能力弱。碱性过强时会腐蚀鱼类的鳃组织。我国大部分湖泊、水库中的水为中性或弱碱性，除少数污染严重的水域外，大部分水域适合网箱养殖。网箱设置时要充分考虑水域中酸碱度的变动范围和是否适于各类饲养品种生活。

第四节　水域的温度

鱼类是变温动物，它的体温是随着生活的水体温度的变化而改变。因此，水温的变化会影响到鱼类的代谢速度和各种生理活动的强度，对鱼类的生长发育和繁殖都有极密切的关系。一般是水温上升，会使鱼类摄食旺盛，呼吸加强，代谢加快，生长加速，性成熟和性腺发育提早。但是每一种鱼都有其适应水温和最适水温。在最适水温范围内，鱼的食欲最大。我国几种主要养殖鱼类生长和温度的相关情况，鲤鱼和鲫鱼的生长温度起点为 8～9℃，而大多数青鱼、草鱼、鲢、鳙、鲂等鱼类在 15～32℃才进入明显生长期，水温 25～30℃进入最适生长期。罗非鱼、淡水白鲳在 12～14℃以下死亡，18℃以上摄食生长，28～32℃为最适生长期。虹鳟在 6℃以上开始摄食，17～20℃为最适生长期，25℃以上就因水温过高死亡。了解温度与鱼类生长的关系，就可根据当地的气候条件，合理选择养殖品种，抓住最佳生长季节，做到及早放养，及时起捕，合理开发水域，有效地利用养殖季节。

鱼类对水温非常灵敏，但对水温的变化耐受力各有不同，我国淡水鱼类大都属于广温性，已经适应了生活环境中经常发生着的水温变化，例如，鲫鱼在夏季高温浅水塘中或冬季严寒结冰的水中都能生活。但水温突然大幅度变化，可使鱼类的生理失调，产生僵死或热昏迷，对其生长不利，甚至造成大量死亡。在设置网箱时，必须考虑该水域的水温及其昼夜变化情况。

第五节　水域的硬度

水的总硬度指水中钙、镁离子的总浓度，其中包括碳酸盐硬度（即通过加热能以碳酸盐形式沉淀下来的钙、镁离子，故又叫暂时硬度)和非碳酸盐硬度(即加热后不能沉淀下来的那部分钙、镁离子,又称永久硬度)。天然水的硬度按其大小分为5类:0°～4°为很软水,4°～8°为软水,8°～16°为中等硬水,16°～30°为硬水,30°以上为很硬水。淡水中钙含量大于镁,而海水中镁含量大于钙。钙硬度是构成淡水硬度的主要成分,因而也是养殖用水的一项重要指标。

钙和镁是生物必不可少的营养元素,不仅是动物骨骼和植物细胞壁的重要组成成分,而且还参与体内新陈代谢的调节。钙含量不足,会成为水体生产力提高的限制因素,并抑制鱼类和其他水生生物生长。钙浓度增加,会减少生物对重金属离子的吸收能力,从而降低毒性。钙还能稳定土壤的pH值,促进固氮作用及微生物活动,加快有机物的矿化和释放,加速水体中营养元素的循环,提高水体生产力。养殖水体中的钙含量在3毫克/升以上为宜。鲤科鱼类对水的适宜硬度为5°～8°,不应低于3°,鳟鱼对水的硬度要求较高,最适硬度为8°～12°。北方水库水的硬度较高,南方的则较低。尤其在广东不少水库,水的硬度多在1°以下,不利于开展网箱养殖。

第六节　水域的水流与波浪

为了满足网箱中鱼类对氧气的需要和丰富浮游生物食饵,网箱必须设置在有微流水的地方。水的流动对鱼类有多方面的作用,水流刺激能使鱼类产生逆水游动,水流方向的改变也会引导鱼类改变游泳方向。水流的大小,也会对鱼类产生不同的刺激作用,不同鱼类对不同流速的反应也不尽相同。当流速过大,超过鱼类游泳能力时,就会无力上溯游动。因此只有流速适宜才能保证鱼类的正常活动。网箱养殖的几种鱼类的感应流速为0.2米/秒,适应流速的下限为0.3米/秒。所以,网箱养鱼,一般选择流速 0.1～0.2 米/秒的水域为宜。否则流速过大，会影响鱼类能量消耗过大，对鱼有害无利。

大水体的自然波浪主要是由风力和和洪峰所形成的，波浪可以使平静水体产生水平流动和垂直流动的水流，使水中的溶解氧得以迅速扩散和均匀分布。风浪过大，网箱容易受损，鱼类容易受伤，同时难以投饵，即使投饵，饵料流失也十分严重。适宜的风浪能增加水中天然饵料生物和溶解氧，有利于清除残饵、粪便，改善箱内水域环境。所以网箱设置的场所应考虑到风浪和流速、流量。

第七节　水域的饵料生物

一、浮游生物

浮游生物是鲢、鳙鱼的主要食物。其中白鲢以食用浮游植物为主，鳙鱼以食用浮游动物为主。此外，鲫鱼和罗非鱼也能滤食部分浮游动、植物。尤其重要的是浮游植物又是浮游动物和大多数鱼类幼鱼及底栖生物的主要食物。浮游植物中只有少数的蓝藻、绿藻不易被鱼类滤食后消化。浮游生物中原生动物因个体较小不是鱼类的主要食物。轮虫、枝角类和桡足类的无节幼体通常都是鱼类的开口饵料。对于多数养殖鱼类和幼鱼来说，自卵黄囊消失起，鳃耙间隙都有一个由密到疏的过程。因此，无论是杂食性鱼类还是肉食性鱼类，其幼体发育阶段都有一个以浮游生物为主要食物来源的时期，不过对杂食性鱼类而言，浮游生物是鱼苗、仔鱼的主要饵料，甚至是成鱼阶段的部分饵料。

幼鱼水域中的浮游生物种类、数量和生物量对各种鱼类的鱼苗、仔幼鱼及鲢鳙鱼的一生至关重要，所以在网箱养殖滤食性鱼类时就要特别注意水域的自然生产力，即水域中浮游生物的数量和种类组成。

二、水生植物

水生植物是草鱼和鲂的主要饵料，鲫鱼和银鲫也摄食部分水生植物。其中挺水植物因其茎、叶粗硬，只能在幼嫩阶段作为草鱼鱼种的食饵。草鱼大多数食用浮叶植物、漂浮植物和沉水植物。水生植物中浮萍、飘莎、眼子菜、苦草等均为草鱼的良好食物。鲂比草鱼摄食水草能力稍差。对于网箱养殖草食性鱼类来说，网箱设置区如有现成的大型水生植物，则不仅可以减少配合饵料的投喂量，同时还因这些天然饵料的加入，增加其营养成分，提高配合饲料的饵料效益。

三、底栖生物

底栖生物是青鱼的良好饵料。鲤鱼和鲫鱼以河蚬、螺蛳和水生昆虫为食。其中青鱼为肉食性鱼类，其鳃耙15～21微米，鳃耙短而小。咽喉齿臼状。其幼鱼阶段以浮游动物为主食，体长15厘米时开始摄食小螺蛳和蚬子。成鱼阶段几乎全部以软体动物、底栖虾类和水生昆虫为主食。鲤鱼和鲫鱼是典型的杂食性鱼类。自然条件下鲤鱼的主要食物偏动物性，以食摇蚊幼虫、螺、蚬等为主，但也食用部分水蚯蚓和部分浮游动物。因此，网箱设置水域如有丰富的底栖生物资源，可以节约配合饵料的用量，降低饵料系数。

四、有机碎屑和细菌

有机碎屑和细菌是鲻、鲮、鲴鱼和刮食性鱼类的饵料。罗非鱼也摄食部分有机碎屑。其中鲴鱼类的几种鱼除以低等植物为主要食物外，也食用水底有机碎屑。天然水域中的细菌和有机碎屑常沉积在水体底部。网箱养殖给食性鱼类或滤食性鱼类时，会有大量有机碎屑和细菌、底栖藻类附着在网衣上，因此，在网箱养殖时除主养鱼类外，还可酌情放养1%～2%刮食性鱼类，无需单独投喂，即可获得额外产量。

综上所述，水域中饵料生物的自然生产力，不仅对网箱养殖花白鲢等滤食性鱼类十分重要，而且对给食式网箱养殖鲤鱼、鲫鱼、团头鲂、草鱼也十分重要，后者可以通过在网箱设置区的水域中定时捞取，不仅节约了商品饲料，而且提高饵料效率。在给食式网箱中放养少许刮食性鱼类，不仅能获得额外产量，还解决了网箱网目堵塞的问题。因此在选择网箱养殖基地时，考虑水域生产力和饵料生物是否丰富十分重要。

第五章　网箱主要养殖品种的养殖技术

第一节　网箱养鱼技术

一、网箱养殖滤食性鱼类

网箱养殖鲢、鳙鱼是目前大水面网箱养鱼的主要模式之一，实际上就是目前常推广的网箱免投饵养殖技术。主要是利用水体中的天然饵料进行养殖，具有投资小、无污染、效益好，产品质量安全等优点。

鲢、鳙鱼是典型的滤食性鱼类(图 5-1 和图 5-2)，在鱼苗阶段主要吃浮游动物，长达 1.5 厘米以上时鲢鱼逐渐转为吃浮游植物，鳙鱼仍以浮游动物为主，亦吃豆浆、豆渣粉、麸皮和米糠等，更喜吃人工微颗粒配合饲料。适宜在肥水中养殖。栖息于水体的中、上层，性情活泼，遇惊后即跳跃出水。鲢、鳙广泛分布于亚洲东部，在我国各大水系，随处可见。此鱼生长快，2～3 龄，体重可由 1 千克增至 4 千克，最大个体可达 40 千克。天然产量很高。鲢、鳙鱼历来被列入我国淡水养殖的“四大家鱼”之一。其主要技术要点是：

(一)网箱结构及设置地点

只有依靠充分的水体交换，才能使网箱内的饵料生物和鱼类必需的溶氧得到源源不断的补充，才能使箱内鱼类新陈代谢排出的废物随水流带出网箱。因此，一般选择浮性封闭式网箱，箱区

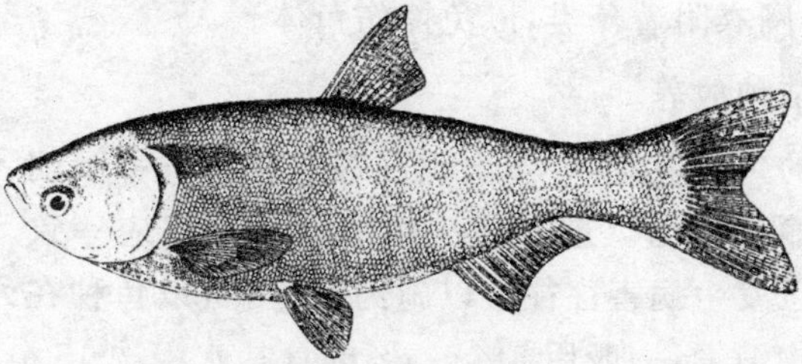

图 5-1　白鲢

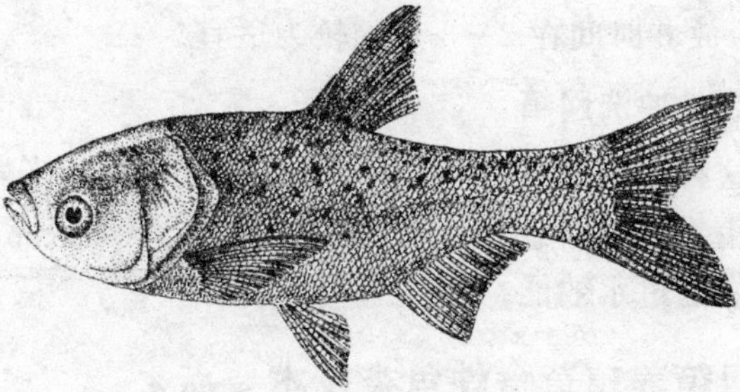

图 5-2　鳙鱼

应设在靠近农田的岸边，水深较浅、水流畅通、水质清新、溶氧丰富、流速在 0.05～0.2 米/秒的范围内。流速过大，鱼类消耗的能量较多，不利于鱼类生长。

（二）网箱布局

实现这种模式的养殖，网箱不能布得太密，太密会使饵料来源不足，一般每个网箱四面相距都应保持在 15～20 米，且呈“品”字形放置，以利于水流的畅通和过水面积的增大。

（三）入箱前准备

网箱下水前，应检查网箱及有关器材。如有漏洞、开缝应及时修补，并补足缺失器材。网箱应在鱼种入箱前 10 天左右下水安装好，使网衣附着藻类，以免擦伤鱼体。

（四）苗种放养

入箱的鱼种应经2～3次拉网锻炼。宜选择晴朗、低温、无风的天气运输和进箱。进入同一箱的鱼种规格应一致。由于大水体鱼类一旦发生病害往往难以施药治疗，所以鱼种在入池前一定要进行药物消毒，一般用3%～5%的食盐水浸洗15分钟即可，具体视当时天气、水温及鱼体活动情况而定。放养规格为3条/500克左右，数量一般10条/米^2，大水面里鲢、鳙鱼的放养比例一般鲢鱼占60%，放养时间在2—3月份较为适宜。

（五）经常冲洗网箱

因为这种养殖方式，鱼的饵料主要是靠水流带来敞水体中大量的浮游生物，因此，保持水流畅通十分重要，要经常清洗网衣，以保持良好的过水效能。

二、网箱养殖草食性鱼类技术要点

网箱养殖的草食性鱼类主要是养草鱼和鳊、鲂类（图5-3和图5-4），是目前网箱养殖的主要养殖品种，产量高、效益高，但病害带来的风险也很高。

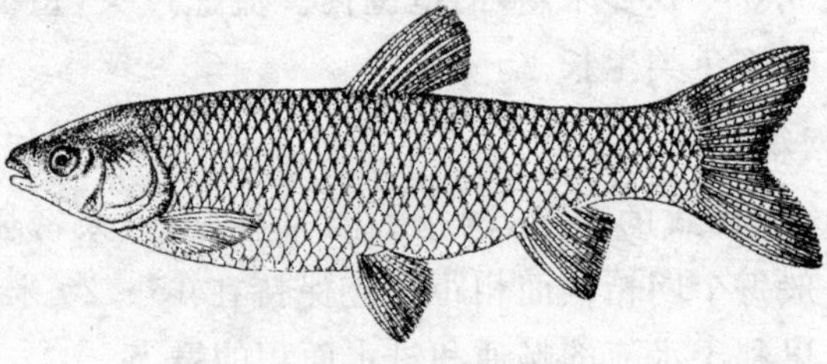

图5-3 草鱼

草鱼，又称草棍子。草鱼通常生活在水体中下层，但觅食时也在上层活动。性活泼，游动快。

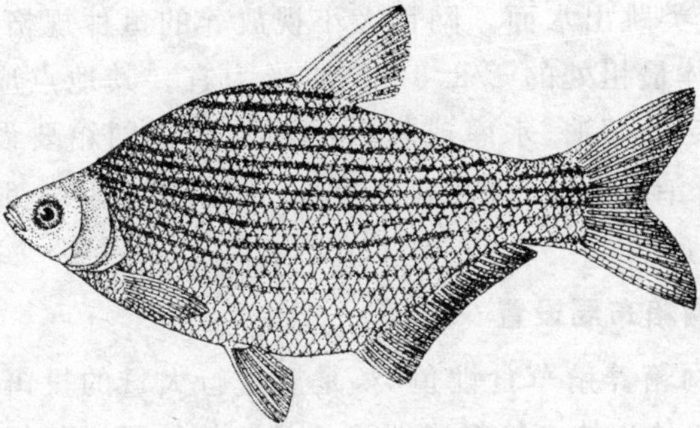

图 5-4 鳊鱼

草鱼对水温适应性较强，在 0.5～38℃水中都能生存，但适宜温度为 20～32℃，在水温 27～30℃时摄食强度最大，20℃时摄食量降低，水温低于 5℃停止摄食，水温低于 0.5℃或高于 40℃便开始死亡。

草鱼喜欢较清新的水体，对肥水和低氧具有一定的适应力。水中溶氧量 5 毫克/升时可正常生长发育，溶氧量 1.6 毫克/升时呼吸受抑制。

鱼喜吃水草和其他植物性食料，是典型的草食性鱼类。在人工养殖条件卜也摄食人工饲料，如饼类、颗粒饲料等。草鱼虽然是吃草的，但不能消化利用纤维素。它吃的草类被咽齿和角质垫相压磨成小块才吞进消化管中，仅能消化利用被磨研破裂的细胞内的原生质。草鱼的日食量通常为体重的 40%左右，最大日食量达体重的 60%～70%。日食量随水温、水质状况有所变化。

草鱼生长快，其体长增长最快时期为 1～2 龄，体重增长则以 2～3 龄最快，5 龄后生长明显变慢。主要养殖技术要点是：

(一)网箱选择及地点设置

一般选择固定式敞口网箱，以便于草料的投喂。网箱大小一般选择大型网箱 60 米^2 以上。网箱的墙网应高出水面 40 厘米以上，以防鱼类跳出水面。网目大小视放养的鱼种规格而定，一般网目是鱼体最粗处的1/2，3～5厘米为宜。其地点应设置在水位相对稳定的湖泊、水库或较大的河流中。网箱要设于避风向阳、水质清洁、有微小水流、水深2.5～3米，离岸6米以上的地方。

（二）网箱布局设置

由于网箱养殖草食性鱼类，是要进行大量的投饵活动，所以只要保持箱体水体交换畅通即可。一般箱体可进行规范排列，每列之间距离15米左右，在一列中每箱之间在3.5米左右。列间网箱应交叉排列。网箱应在鱼种入箱前10天左右下水安装为好。

（三）鱼种的放养

鱼种质量。鱼种要求体质健壮、规格整齐、体表光泽、鳞鳍完整、无病无伤、活动有力。

放养规格。宜放养大规格鱼种，一般草鱼规格在20厘米以上，或草鱼为100～250克/尾，团头鲂为100克/尾，鲢、鳙鱼规格为200～250克/尾，既抗病力强，成活率高，且养殖周期短，年底便可上市，到年底草鱼可长到1.5～2千克，团头鲂可长到0.5千克以上，鲢、鳙1千克左右。

放养数量。依计划产量而定，一般草鱼放养量为20～25尾/米^2，鲢、鳙鱼放养量为1尾/2米^2，团头鲂放养量约为100条/亩。

鱼种消毒。鱼种进箱前要进行洗浴消毒，杀灭体表寄生虫，减少病原体的传播几率，一般可用3%～5%的食盐水或20毫克/升的高锰酸钾浸洗15分钟，并注射草鱼出血病疫苗。放养时机一般在秋末或初冬时放养较好。

江苏省淮安市楚州区近年来，为满足江苏省外婆家食品股份有限公司对草鱼加工的需求，大力发展草鱼主养，取得了较好的成效，特别是在白马湖里进行的网箱养殖草鱼，产量高、效益好、品质优（表 5-1）。

表 5-1　江苏省淮安市楚州区白马湖网箱养殖草鱼亩产 1.6 万千克放养及收获实例（面积：120 米²）

品名	放养			收获			
	规格（尾/千克）	数量（尾）	重量（千克）	规格（千克/尾）	数量（尾）	重量（千克）	成活率（%）
草鱼	8～12	2 600	260	1.5	1 820	2 730	70
团头鲂	20～30	150	6	0.6	128	76.5	85
鲤鱼	20	120	6	1.25	114	142.5	95
合计		2 870	272		2 062	2 949	

（四）饲料投喂

目前大部分网箱养殖都以商品颗粒饵料为主，辅以部分草料。在投喂商品料时，日投喂量为鱼体总体重 3%～5%，每日投喂 3～4 次，每次投喂约 1 小时，以大多数鱼种吃饱游走为度。每次的投喂量还要根据水温变化、天气变化、鱼类摄食和活动情况等加以合理调整。在投喂方法上要讲究“四定”原则（定时、定量、定质、定位）。在投喂草料时，青饲料可每天晚上投喂 1 次，用 1% 的漂白粉消毒后投入网箱内，投喂量以第二天再投喂商品料时无剩草为准，对残渣败草必须迅速捞出，并放在远离网箱养殖的地方。

（五）日常管理

日常管理主要做好以下几个方面：

科学投喂青饲料。新投草料要充分浸湿，均匀撒于水面，不得成堆投放；随着饲料的增加，投料范围要随之增大；高温季节，应在傍晚投料，避免烈日晒干草料，以利鱼儿吃食。

经常巡箱。应坚持每天巡箱，定期检查鱼类生长情况，合理调整投喂，认真观察、分析鱼情，发现问题及时处理，并做好网箱养殖日志，记录每天水温、摄食、投喂、死鱼及病害情况。经常检查网箱，发现破损及时修补，以免逃鱼或凶猛鱼类入箱。在汛期还要及时检查绳索强度，缆绳是否牢固，网衣是否发生变形等。每隔 10～15 天洗刷网箱 1 次，清除残饵污物及附着藻类，使水体充分交换。及时观察水位变化，随着水位的涨落，必须把网箱调节到水深及水质适宜的位置。

(六)鱼病防治

网箱养殖草鱼一般易患水霉病、赤皮病、烂鳃病、肠炎病、出血病等，因此，在病害防治上，要在做好人工免疫的基础上，在夏秋鱼病流行季节，还应定时定期全箱泼撒漂白粉药液、生石灰浆等。用小竹篓或布袋装强氯精、漂白粉、硫酸铜、敌百虫等交替使用，挂于网箱四周进行鱼病预防。一旦发生鱼病，除采取上述防治措施外，还可内服药饵进行治疗。

1. 草鱼出血病

【症状】草鱼出血病是草鱼在鱼种阶段危害较大的一种传染性疾病，流行广，发病率与死亡率都较高。该病可分为 3 种类型：①“红肌肉型”。病鱼体色暗黑、微红，外表无明显的出血现象，或是轻微出血，肌肉充血明显，往往全身的肌肉都呈红色。剥去鱼体表皮，可见肌肉点状出血，或全身肌肉充血呈鲜红色，对着太阳光看时尤为明显。病重者，全身的肌肉充血，呈鲜红色，鳃部一般无明显症状。②“红鳍红鳃盖型”。病鱼的口腔、下颌、鳃盖、眼眶四周及鳍基部有明显的出血，有的鳞片下也有出血现象。③“肠炎型”。主要表现在病鱼肠道的局部或全肠因出血呈现鲜红色，肠壁充血特别明显，体表及肌肉的出血现象不明显，少数病鱼的肝、脾、肾等器官局部出血或因出血而呈灰白色。该类型在大小草鱼种中都可见到。

【防治方法】①鱼种放养时，用 3%～5%的食盐水浸泡鱼种

10～15分钟。②在鱼病高发季节，每15～20天用强氯精等消毒药物全箱泼洒进行预防。此病目前尚无有效治疗方法，主要以预防为主，当发生此病时，可全箱泼洒强氯精等消毒药物，连用2次，同时用三黄粉(鱼用)等内服药物拌饵投喂，连用3～5天可减轻此病。③每万尾鱼种(或50千克鱼种)用水花生4千克、大蒜0.25千克、食盐0.25千克磨碎拌饵投喂，每天2次，连投4天。④用硫酸铜挂袋，连挂3天，每30米^{2}挂2个左右。

2. 草鱼"三病"

草鱼三大病指的是烂鳃病、赤皮病、肠炎病。

【症状】烂鳃病患病鱼鳃丝腐烂发白，鳃盖骨内表皮充血，中间部位常被腐蚀成洞，又称"开天窗"；赤皮病鱼的体表局部出血、发炎、鳞片脱落，尤其是鱼的腹部和两侧极为明显，呈现块状红斑。鳍条末端腐烂，鳍条裂开。病鱼瘦弱，常常单独游于水面，行动迟缓。若不及时进行治疗，就会引起死亡；肠炎病鱼腹部膨大，肛门红肿突出，剖开鱼腹，腹腔积水，肠壁充血发炎，肠内无食物，肠道发炎充血，含有许多淡黄色黏液或脓血，严重时肠道发紫。病鱼不想吃食，行动迟缓，很快就会死亡。三病往往同时并发。

【防治方法】发病箱内全箱泼洒强氯精，每亩水深1米用强氯精250克，连用3天；同时内服抗菌药物，连用5天，外泼和内服同时用效果较好。

三、网箱养殖鲤、鲫鱼技术要点

(一)鲤鱼

鲤鱼种类繁多，属大型经济鱼类(图5-5)。

1. 栖居场所

鲤鱼是底层鱼，栖息于水域的松软底层和水草丛生处，喜欢在有腐殖质的泥层中寻找食物。早晚风平浪静时，也常到岸边浅水区游弋觅食。属大型淡水鱼种之一。

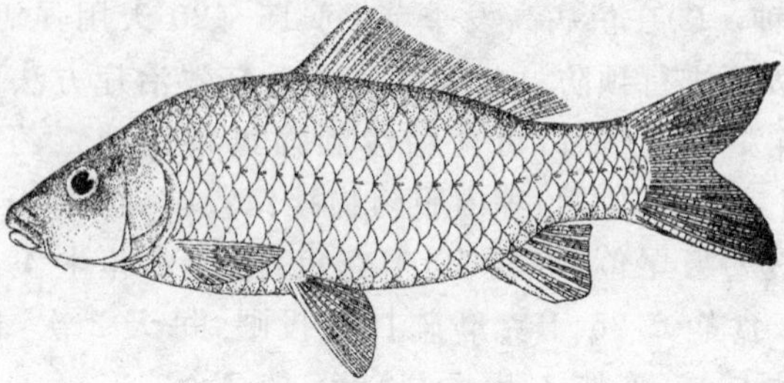

图 5-5 鲤鱼

2. 食性

食性杂，荤素皆吃，以荤为主。幼鱼期主要吃浮游生物，成鱼则以底栖动物为主要食物。小鱼、小虾、红虫、螺肉、水蚯蚓以及藻类果实等，都是它的美味佳肴。

3. 对环境要求

喜弱光，喜活水，耐低氧。鲤鱼喜欢在水色比较暗褐、透明度较低的水域中生活，阴天时比晴天时活跃。特别喜欢在有新水注入的流水口处游弋和觅食。

4. 生长

生长快，个体大。当年鱼可长到 250～800 克（指人工喂养），3 龄鱼体重可达 2 000 克。在江河、湖泊和大中型水库中，二三十千克以上的大鲤鱼为数甚多。

（二）鲫鱼

鲫鱼又叫河鲫（图 5-6）。体侧扁而高，腹部圆，头较小，吻钝，口端位呈弧形；眼较大，无须；体呈银灰色，背部较暗，鳍灰。因生存的环境不同，形体与颜色也有所差异。其肉质鲜美，营养丰富。

鲫鱼是底栖性鱼类，经常栖息在杂草丛生的水域，到有腐殖质的水底觅食。

鲫鱼喜欢清洁水域和水草，清洁水域溶氧充足，且微生物等

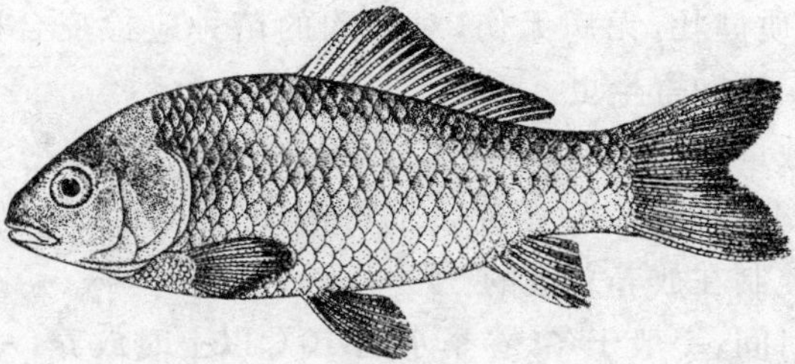

图 5-6　鲫鱼

杂物少，水质不污染，鱼儿在这样的水域里游动觅食有舒适感，食欲旺。水草丛生处有鲫鱼爱吃的食物，且隐蔽性强，鱼有安全感。同时水草还是鱼儿产卵繁殖的天然产床。

鲫鱼食性杂，四季寻食，鲫鱼食性较杂，荤素都吃，以荤为主。同时喜吃植物性饵料，也吃有机碎屑及底栖小动物。蚯蚓、蛆、虾、面食、饭粒、薯类都喜欢吃。

网箱养殖鲤、鲫鱼有着多年历史，技术成熟。其主要技术要点是：

1. 网箱结构

网箱以选用长方形为好，箱体用聚乙烯网片缝合而成。面积一般为 20～30 米^2，高 2～3 米，网目 3 厘米左右，具体视鱼种大小而定。

2. 网箱设置

网箱采用浮动式或固定式设置。在水位不稳、水面开阔的湖泊和水库等大中型水域采用浮动式。在水位变化小的浅水湖泊和平原型水库可采用固定式。网箱的间距为 2～3 米，行距为 20 米左右。

3. 鱼种放养

鱼种选择：鲤鱼养殖品种主要有建鲤、丰鲤、兴国红鲤等，鲫鱼主要养殖品种有异育银鲫、高背鲫、方正银鲫等。鱼种要求规格整齐，体质健壮，无病无伤，对外购的苗种应检疫合格，不得带有传染性疾病和寄生虫。

放养数量：一般采取单养方式，每平方米放养规格为50～100克/尾鲤、鲫鱼种5～10千克。也可搭配一定比例的鲢、鳙，搭配比例一般控制在放养总量的3%～5%。

放养时间：一般于冬、春季水温10℃以上时放养，一次放足。

鱼种放养前要用药物消毒，方法有：①用浓度为1%～3%的食盐水，浸浴5～20分钟；②按每千克水加入10～20毫克高锰酸钾，浸浴15～30分钟；③每千克水加入30毫克聚维酮碘，浸浴15～20分钟。所有药物的浸洗时间应以当时的鱼体适应情况而灵活掌握，不能教条式地按时间浸泡。

4. 饲料及投喂

在正式投喂饲料之前，一般要进行1周左右的驯食。每次投喂前先用固定器具敲击，形成固定的声音，以形成条件反射，日投喂4次左右，每次投喂时间半小时左右，使鱼形成在水面聚群抢食习性后转入正常投喂。

网箱养殖都以配方颗粒饲料为主，否则饲料散失严重，成本加大，且对水体污染严重，所投配合饲料粗蛋白质含量在30%左右，配合饲料安全限量应符合NY 5072的规定。

饲料投喂仍然要坚持“四定”、“四看”的原则，具体根据天气、水温和鱼摄食情况合理调节投饲量及投喂次数。水温低于18℃时，日投饲量为鱼体重的1%～3%，日投喂2次；水温18℃以上时，日投饲量为鱼体重的3%～5%，日投喂3～5次。

5. 日常管理

根据水温和网目堵塞情况，及时刷洗箱体，检查箱体破损情况，捞出网箱内的病鱼、死鱼和网箱周围的污物。每天观察鱼的活动、摄食、病害与死亡情况，发现问题及时采取措施。定期消毒，一般每半月1次。常用消毒药物及方法如表5-2所示。

表 5-2　常用消毒药物及方法

药物名称	用法用量（毫克/升）	休药期（天）	注意事项
生石灰	全箱泼洒：20～25		不能与漂白粉、有机氯、重金属盐、有机络合物混用
漂白粉（有效氯 25%）	全箱泼洒：1.0～1.5	≥5	勿用金属容器盛装；勿与酸、铵盐、生石灰混用
二氯异氰尿酸钠	全箱泼洒：0.3～0.6	≥10	勿用金属容器盛装
三氯异氰尿酸	全箱泼洒：0.2～0.5	≥10	勿用金属容器盛装
二氧化氯	全箱泼洒：0.1～0.2	≥10	勿用金属容器盛装；勿与其他消毒剂混用
二溴海因	全箱泼洒：0.2～0.3		
聚维酮碘（有效碘 1.0%）	全箱泼洒：1.0～2.0		勿与金属物品接触；勿与季铵盐类消毒剂直接混合使用

以上药物还可以使用挂篓、挂袋的办法，一般每个网箱在食场周围挂 5 个以上。

6. 病害防治

鱼病以防为主，预防一般有以下措施：

(1)生产操作细心，避免鱼体受伤；

(2)鱼苗、鱼种入网箱前严格消毒；

(3)定期对水体消毒；

(4)及时捞出死鱼，深埋；

(5)病鱼网箱中使用过的渔具应浸洗消毒。

第二节 网箱养蟹技术

河蟹又称螃蟹、毛蟹、清水大闸蟹，学名中华绒螯蟹(图 5-7)。我国蟹类 500 多种，而河蟹是我国蟹类中产量最多的淡水蟹。以长江、辽河、瓯江三大水系蟹为主要养殖品种。网箱养蟹是大水面养殖中一种较为普遍的养殖模式，其最大的优点是满足了螃蟹对高溶氧、清新微流水的需求。为方便广大养殖户实现网箱养蟹高产高效，现将河蟹的生物学特性及其蟹种、成蟹网箱养殖技术介绍如下。

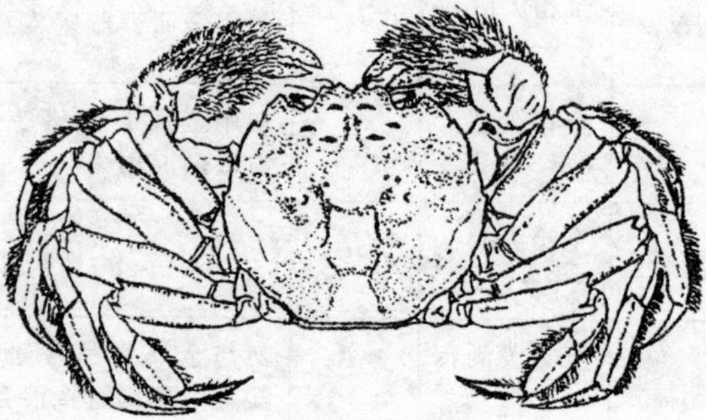

图 5-7 螃蟹

一、与河蟹养殖密切相关的生物学特性

(一)形态特征

河蟹的背面一般呈墨绿色，腹面灰白色。由于进化演变的缘故，河蟹的头部和胸部已愈合在一起，合称为头胸部，是身体的主要部分。背部覆盖着一层坚硬的背甲(也叫头胸甲，俗称蟹斗)，河蟹的腹部(俗称蟹脐)共分 7 节，弯向前方，贴在头胸部腹面。腹部的形状，在成长过程中，雌蟹渐呈圆形，俗称团脐，雄蟹仍为

狭长三角形，称尖脐，是区别雌雄的最显著的标志之一。胸足是胸部的附肢，包括一对螯足和四对步足，是行动器官。螯足强大，成钳状，掌部密生绒毛，雄蟹尤甚，也是区别雌雄性别的标志之一。第 2～5 对胸足结构相同，亦称步足。

（二）生态习性

河蟹喜穴居和隐藏在石砾、水草丛中，喜弱光不喜强光，昼伏夜出，一般白天隐蔽在水草中，夜晚出来活动觅食。具有抢食和好斗的天性，分布密度较大、饵料不足时会相互残杀。为避免和减少河蟹争食，投饵一定要多点投放、均匀投喂，动物性饵料、植物性饵料要合理搭配，确保吃好、吃饱，促进均衡生长。

（三）食性

河蟹为杂食性动物，荤素食物都吃。河蟹的动物性饵料有鱼、虾、螺蚬、蠕虫、蚌肉、蚯蚓等；植物性饵料有浮萍、马来眼子菜等多种水生植物以及豆饼、花生饼、小麦、玉米、芝麻等商品饵料。通常河蟹偏食动物性饵料。

（四）生长蜕壳

河蟹是淡水中生长，海水中繁殖的蟹类。河蟹的生命是短暂的，在它的生活史中历经蚤状幼体、大眼幼体、幼蟹和成蟹等几个阶段，一生中需要幼体 5 次蜕皮成为大眼幼体，再经 13～15 天蜕皮成为蟹种，它一生只有一个生殖周期，繁殖结束生命也就终止。一般来说，河蟹的寿命为 3 虚龄 2 足龄 24 个月。河蟹为变温类甲壳动物，适宜生长水温 18～30℃，最佳生长水温 22～28℃。河蟹一年中会出现 6—7 月份中旬，8 月份下旬至 9 月下旬两个生长高峰。

（五）水体环境

河蟹对养殖水域水体要求以微碱性为好，pH 值为 7.5～8.5，水中溶氧在 5 毫克/升左右，水生植物覆盖面为水面 1/3 以上。

二、网箱培育幼蟹技术要点

(一)网箱设置地点的选择

网箱设置在水质清新、天然饵料丰富的池塘或河道中,最好有微流水的地方,绝不可在水流过急处。

(二)网箱结构与设置

用聚乙烯网布缝制而成。网箱规格要一般为 4 米×2 米×1 米,网目为 0.5～1.5 毫米,以不使蟹苗逃逸为度。网箱内设置一定数量的新鲜水草,水草种类有水花生、水葫芦等,水草移栽占网箱面积 60%～70%,既可作蟹苗、幼蟹栖息和蜕皮的场所,又可作为饵料。

(三)蟹苗放养

蟹苗选择:选择优质的长江水系天然蟹苗或人工蟹苗(以室外土池天然海水人工蟹苗为好)进行放养,繁育人工蟹苗要注重其亲本来源及质量,不应重复使用由人工蟹苗养成的成蟹,以防性状退化。人工繁育的蟹苗淡化时间必须达到 5 天,盐度为千分之三以下;天然蟹苗捕捞地点的水体盐度应低于千分之五。无论是天然蟹苗或人工蟹苗都应个体大,14 万～16 万只/千克,黄褐色、有光泽,常温下观察游泳能力强、无病害,用手抓一把甩干水能迅速散开。

放养密度:根据饲养管理水平、要求幼蟹出箱时达到的规格等因素决定,一般每立方米水体 10 000～20 000 只。

放养方法:蟹苗长途运输后,不能直接将苗放入网箱,应先将蟹苗箱在池水中浸二、三次,经过 15～30 分钟时间,使蟹苗适应池内水温后,温差小于 3℃,然后将蟹苗箱放入箱内,倾斜地让蟹苗慢慢地自动散开,切忌一倒了之。同时,尽可能避开阴雨低温天气放苗。

(四)饲料投喂

蟹苗下池后前3天以煮熟的鱼糜和幼体开口料为主，直至第一次蜕壳结束变为Ⅰ期仔蟹后改喂幼蟹料，日投饵量约为蟹体重的100％；每天分4次投喂，直至出现Ⅲ期仔蟹为止。Ⅲ期以后，不断调整饲料粒径和降低日投饵量，至Ⅴ期投喂量减少至蟹体重的20％左右。

(五)日常管理

定期对网箱进行检查和刷洗，以免网目堵塞，造成网箱内外水体交换困难，网箱内缺氧。

幼蟹在网箱中培育20天后，个体较刚入箱时长大，会造成密度过大，应及时分箱。

加强管理，做到四防(即防风、防逃、防敌害、防缺氧)。

三、网箱养殖成蟹技术要点

(一)网箱设置地点的选择

网箱设置地点应选择在水流较缓、水质清新、远离航道、水位落差小、无污染的水域，平均水深2米左右，过深会影响蟹的蜕壳生长，过浅水质容易恶化。

(二)网箱结构

养蟹的网箱一般选用聚乙烯或尼龙网片，网目大小以放养的幼蟹规格而定，一般网目1.5厘米，采用有盖的封闭式网箱，大小宜选用大型网箱。

(三)生态环境营造

由于螃蟹喜水草茂盛的水环境，所以要在网箱内营造适宜螃蟹生长的环境，一般是在水下1.2米处有规律地设置部分网片，在网片上栽种水生蕹菜，同时在水面上施放部分水葫芦或水花生，作为螃蟹的栖息和蜕壳场所，设置的面积占网箱的1/3。栽种水草的作用：

(1)重要的营养来源　从蛋白质、脂肪含量看，水草很难构成河蟹食物蛋白质、脂肪的主要来源，因而必须依靠动物性食物。但是，水草茎叶富含维生素C、维生素E、维生素B_{12}等，可补充动物性饵料中维生素的不足。此外，水草中还含有丰富的钙、磷和多种微量元素。加之水草中通常含有1%左右的粗纤维，这更有助于河蟹对多种食物的消化和吸收。

(2)不可缺少的栖息场所和隐蔽物　河蟹只能在水中作短暂的游泳，常爬上各种浮叶植物休息和嬉戏，因此，水草是它们适宜的栖息场所。更为重要的是，河蟹的周期性蜕壳常依附于水草的茎叶上，而蜕壳后的软壳蟹又常常要经过几个小时乃至十几个小时静伏不动的恢复期。在此期间，如果没有水草作掩护，很容易遭到硬壳蟹和其他敌害的攻击。

(3)净化和稳定水质　河蟹对水质要求较高，培植水草不仅可在光合作用的过程中释放大量氧气，同时还可吸收水中的氨态氮、二氧化碳和有机分解物，这种作用，对于调节水体的pH值、溶氧、稳定水质都有重要意义。

(4)重要的环境因子　水草存在利于水生动物的生长，其中有的幼小水生动物又可成为河蟹的动物性活饵料。这就表明，水草是养蟹池中重要的环境因子，无论对河蟹的生长还是对疾病的防治都具有直接或间接的意义。

(5)提高品质　通过移栽水草，一方面能够使河蟹经常在水草上活动，另一方面又使水质净化，水中污物减少，使养成的河蟹体色光亮，利于提高品质，保证较高的销售价格。

(四)蟹种放养

蟹种选择：选购蟹种，着重把握3点。一是要弄清楚蟹种的原产地。以选择内地淡水培育的为宜，尽量不选择沿海培育的蟹种，高盐度培育的蟹种性成熟早、生长规格小，最好是自己培育蟹种或本地采购，并考察其原亲本，雌雄亲蟹规格分别达 100 克/只、150 克/只以上。二是要注意蟹种规格的大小。一般要求蟹种在 100～200 只/千克，蟹种甲壳较软，性不成熟，严禁投放性早熟蟹种。三是要注意蟹种质量。蟹种要求规格整齐，大小适中，无病无残缺，体表色泽正常、活力强。

放养时间及数量：一般于 3 月 10 日前完成蟹种放养，每平方米网箱放养规格 100～160 只/千克蟹种 2～3 只。网箱可搭配适量鲢、鳙鱼，于蟹种放养后 10～15 天投放。为清除野杂鱼，每只网箱还可投放少量鲌鱼等肉食鱼类。

放养方法：选择天气晴暖、水温较高时放养，以保证放养的成活率。河蟹放养前，可用高锰酸钾消毒，不宜用食盐水浸洗，原因是河蟹运输后鳃部脱水，再用食盐水浸洗，更加脱水，加重死亡。从外地购回的蟹种，经长途运输离水时间较长，不宜直接倒入箱中，应先在水中浸泡 2～3 分钟，取出放置 10 分钟，如此重复 2～3 次，待幼蟹逐步吸足水分和适应水温后，放入箱，可以提高成活率。

(五)饵料的投喂

饲料品种：植物性饲料为豆饼、玉米、小麦、地瓜、土豆等；动物性饲料为螺蛳、河蚌、小鱼等；配合饲料则要按照河蟹生长营养需要，选用正规厂家生产的河蟹专用人工配合颗粒饲料，要求其粗蛋白质含量在 35%以上，饲料颗粒在水中稳定时间保持在 24 小时以上，饲料系数为 2 左右。

投喂方法：河蟹是偏食动物性饵料的杂食性动物，投喂饲料要掌握“两头精、中间青、荤素搭配”的原则。饵料应以小鱼等动物性饵料为主，或以投喂配合饲料为主，并辅以植物性饲料和青饲料，在饵料组合上，动物性饵料占 60%，植物性饵料占 40%。春季为放养初期、秋季为育肥增重期，都需要加强营养，因此春秋季节的投饵，以动物性饵料为主，植物性饵料为辅，夏季为河蟹长壳期，饵料以植物性饵料为主。坚持“四看四定”投饵方法：

1.“四看”投饵

(1)看季节　6月中旬前动、植物性饵料比为60∶40；6月下旬至8月中旬，为45∶55；8月下旬至10月中旬为65∶35。

(2)看天气　天晴多投，阴雨天少投。闷热、无风欲下雨少喂，雨后天晴可多喂。

(3)看水色　透明度大于50厘米时可多投，少于30厘米时应少投。

(4)看摄食活动　每天早晚巡塘时检查食物，发现有剩余饵料应减少投饵量，发现有病蟹、死蟹也要少投或更换饲料。蜕壳时应增加投饵量。

2.“四定”投饵

(1)定时　早晚各投喂1次，投喂时间为上午6—7时、下午4—5时。

(2)定位　每只网箱内设1～2个2米^{2}左右的食台，将饵料投放在食台上，既便于观察河蟹摄食、活动情况，又利于清除残饲。

(3)定质　青、粗、精结合，确保新鲜适口，建议投配合饵料，全价颗粒饵料，严禁投腐败变质饵料，其中动物性饵料占40%，粗料占25%，青料占35%。

(4)定量　日投饵量的确定按3—4月份为蟹体重的1%左右；5—7月份为5%～8%；8—10月份为10%以上。每日的投饵量为早上占30%，傍晚占70%。

(六)日常管理

强化水质调控。在养殖生产中，可经常使用生石灰，改善水质，增加水中的钙元素，促使河蟹脱壳，同时抑制和杀灭病原菌，提高水体pH值。一般在高温季节每15～20天施用1次，每次每亩水面 10～20 千克。如果水流较小，在水质改善上，还可在网箱中每 2 米^2 悬挂 1 个复合微生物包，缓慢释放有益菌，以改善水体环境。

加强检查管理，及时清除残饵，发现网箱损坏及时修补，防止逃蟹。有死蟹的应及时拣出，以免影响其他健康蟹，特别在汛期水位上涨和大风天气，应注意及时巡查，防止拦网冲倒逃蟹。

（七）病害防治

坚持以防为主，防治结合的方针。预防应主要采取如下措施：

(1)水体消毒；

(2)种植水草；

(3)苗种检疫和消毒；

(4)调控水质和改善底质。

河蟹常见的疾病及其防治方法主要有如下几种：

1. 烂鳃病

【症状】病蟹鳃丝部分呈暗灰色或黑色，严重时全部变黑，行动缓慢，呼吸困难，死亡率高。

【防治方法】用二氧化氯等强力水体消毒剂化水全箱泼洒 2～3 天，同时用土霉素等拌饵料内服 5～7 天。

2. 水肿病

【症状】病蟹鳃丝肿胀呈棒状，腹脐呈透明状，有顶壳现象。

【防治方法】用二溴海因或强氯精整箱泼洒，同时用菌毒克星拌饵料内服 3～5 天。

3. 肠炎病

【症状】肠道发炎且无粪便，肛门处有红点。

【防治方法】用稳定性二氧化氯整箱泼洒，连续泼洒 2～3 天。

4. 纤毛虫病

【症状】病蟹体表脏、长毛。

【防治方法】用硫酸锌等杀虫药物全箱泼洒，以杀灭纤毛虫，隔天用水体消毒剂连续泼洒2天。

以上泼洒药物也可以使用挂篓、挂袋的办法，进行病害防治。

第三节 网箱养黄鳝技术

网箱养殖黄鳝，不仅可以在大水面中进行，也可以在池塘中进行，目前特别是池塘网箱养殖黄鳝正迅速推广。

黄鳝又称鳝鱼(图5-8)，属亚热带淡水鱼类，适应性强，较耐低氧，多栖息于稻田、池塘、湖泊、沟渠的底层泥土中，昼伏夜出，在全国各地均有分布，是一种名贵水产品，深受国内外消费者欢迎。目前市场上销售的黄鳝多为野外捕捉，数量少，规格偏小，难以满足市场目前的需求，而且由于以前大量有毒农药的使用和过度滥捕，造成了野生黄鳝资源日趋减少。因此，规模化人工养殖黄鳝前景十分看好，而网箱养殖黄鳝具有占有水面少、病害少、成活率高、生长快、易捕捞等优点，是一种理想的养殖方式。

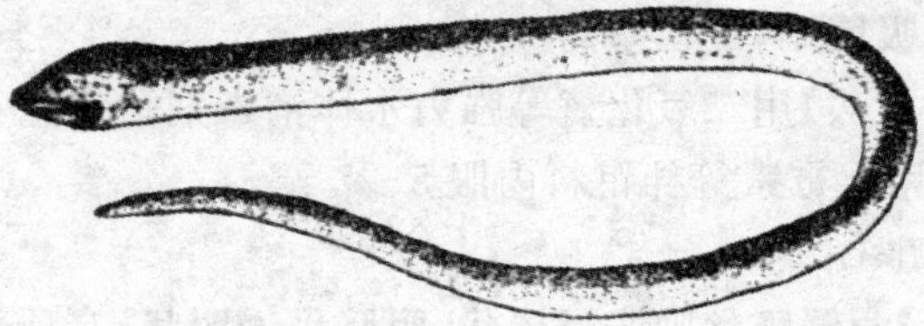

图5-8 黄鳝

一、与黄鳝养殖密切相关的生物学特性

(一)生活习性

黄鳝为底栖生活鱼类，适应能力很强，在各种淡水水域中几乎都能生存。黄鳝无鳔，其口腔和喉腔是黄鳝的辅助呼吸器官，

在其内壁上分布着丰富的血管，能进行气体交换。在氧气贫乏的水体中，黄鳝能将身体的前半段竖起，将吻端伸出水面，鼓起口腔，吸入空气，直接进行呼吸。

黄鳝的活动与水温密切相关，其生存水温为 4～40℃。最适水温 16～28℃。春季当水温回升到 10℃以上时出入活动和觅食，活动规律是昼伏夜出，6—8 月份是其活动的旺季。当水温降到 10℃以下时停止摄食，钻入土下 20～30 厘米冬眠。

（二）食性与生长

黄鳝为肉食性凶猛鱼类，喜吃鲜活饵料，其视力退化，多在夜间活动，觅食主要靠嗅觉和触觉。在自然条件下，黄鳝主要捕食蚯蚓、蝌蚪、小鱼、小虾、幼蛙，以及落水的蚱蜢、蝇蛆和其他水生、陆生昆虫，也摄食枝角类、桡足类等大型浮游动物。此外，兼食有机碎屑及河蚌肉、螺蛳肉、蚕蛹、熟猪血和肉联厂的下脚料等。饵料不足时，有自相残食的习性。

黄鳝的生长与生活环境的食物状况关系很大。在其他条件不变的情况下，食物充足、质量好，生长就快，否则生长速度则慢。就其本身而言，生长速度缓慢还因为产卵繁殖期较长。在人工养殖条件下，1 冬龄个体长 27～44 厘米，重 19～96 克；2 冬龄个体长 45～66 厘米，重 74～270.5 克。

（三）生殖特异性

黄鳝在生理上有一个奇特现象，即雌雄同体并可性逆转。在没有外界因素诱导的情况下。能自身由雌性变为雄性。即从胚胎期到性成熟都是雌性，产完卵后，卵巢就自行变为精巢，以后终生保持雄性状态。这样，黄鳝的繁殖就必然是个体较大（24 厘米以上）的雄鳝与个体较小（24 厘米以下）的雌鳝进行“交配”产卵。

二、网箱养殖黄鳝技术要点

网箱养殖黄鳝的模式常见的有深水无土网箱养殖与浅水有

土网箱养殖两种。

(一)深水无土网箱养殖黄鳝

深水无土网箱养殖黄鳝，一般是在水面宽阔、水位深的水域中设置网箱进行黄鳝养殖。网箱入水深度50厘米左右，网箱底部不堆放泥土。这种养殖模式主要优点是黄鳝生长快，病害少，收获方便。具体养殖技术为：

1. 网箱设置地点的选择

水源丰富、无污染、酸碱度以偏酸性为好，一般pH 6.5～7.5之间，池塘、湖泊及稻田等均可设置网箱。

2. 网箱设置

采用敞开式网箱养殖，选用聚乙烯无结节网片制作网箱最好。网片孔的尺寸应为0.6～1.3毫米，网箱制成长方形，网箱面积12～20米^{2}为宜。网箱入水深度0.5米，网箱底部不能落入池底，网箱上沿距水面0.5米以上，网箱间距为0.8米，行距为1.5米，这样便于投饵，也有利于水体交换。网箱面积占水体面积的比例一般在40%以下。

3. 栽种水草

根据黄鳝的栖居特性，在网箱中要栽植供黄鳝栖息的水草，主要品种为水花生、水葫芦等，水草一般要经过洗净后移植，水草覆盖面为网箱的80%左右，保持网箱内密度均匀，如果出现部分地方水草生长偏弱，应及时补充，当水草过密时，要及时捞出多余部分，使整个网箱内的水草密度基本保持一致，以防因水草不匀，造成黄鳝放养后分布不均。合理投放水草还能净化水质，使鳝池换水次数减少，且能起到防暑降温、减少应激反应、提供鱼巢、防治病虫害等作用，为黄鳝的生长、栖息提供良好的生态环境。栽种水草方法是：先在岸上将水草藤蔓一根一根理顺，并堆积成堆，然后用脚在堆上踩实，再将堆积的水草一块一块地竖立于网箱内。

4. 苗种放养

苗种选择：黄鳝品种很多，大体上可分为黄、白、青、赤、黑几种，其中生命力最强的是青、黄两种。选择投放的鳝种一般选择体色深黄，体形匀称，体质健壮，体表光滑，游动自如，无血斑，无病灶，无外伤，黏液分泌正常，不粘手，活动力强的笼捕深黄色或土黄色鳝种，绝对不能采用电捕、钓捕和药捕的黄鳝。那些用钩捕受伤的，放养后成活率低，即使不死，生长也相当缓慢。

鳝种的挑选方法：①看水法。装鳝容器的水是清水，说明这批黄鳝暂养时间较长，不宜选购；如果水混浊，一般暂养时间不长，可以选购，最好随捕随放。②食盐浸泡法。用3%～5%食盐水浸泡鳝种，四五分钟内身体有伤病的黄鳝会剧烈蹦跳，体质差的会发生昏迷，或软弱无力或身体变形，这样的鳝种不可选购；如果鳝种正常则可选购。但这种方法要特别注意的是，食盐水浸泡的时间要严格控制在5分钟以内，如果时间太长，会使鳝体表面黏液失去，降低黄鳝的抗病能力。③旋涡法。将规格较小的鳝种放入塑料大盆中，加入半盆水，用手按一定方向螺旋式划动，形成旋涡，体质差的黄鳝一般在旋涡中间；体质好的黄鳝逆水能力强，在盆的边缘，可选购边缘的鳝种。④深水加压法。在桶内放半桶鳝种，将水加满并盖上盖，5～10分钟后，掀开盖，浮在水表层头部伸出水面的为耐低氧性差、体质弱、有伤病的鳝种，不能选购；沉入桶下层的为健康鳝种，可以选购。

苗种放养时间及数量：一般在4—5月份或7—8月份收购用鳝笼捕捉的鳝种，鳝种规格在30～40克/尾，每平方米放养1～1.5千克。

苗种放养方法：放养时，用3%～5%食盐水浸泡鳝种5分钟，要求单个网箱同一规格，一次放足。投苗要注意均匀投放，多方位满箱匀投，切不可一点投放，任其自游，以防造成黄鳝栖息不匀，部分地方密度太大，引发黄鳝发热病等病症发生。另外，为清除残饵，清洁网箱和缓解黄鳝相互缠绕，在每口网箱内宜混养泥鳅1千克左右。泥鳅放养时间一般在黄鳝正常摄食后进行，以防泥鳅干扰影响黄鳝的食性驯化。

5. 饲料投喂与驯化

饲料品种：动物性饲料有新鲜鱼肉、蚌肉、螺肉等，以及黄鳝专用配方饲料。

驯食：黄鳝放养后要进行驯化，以建立黄鳝饥饿感为诱食机制，以饲喂小杂鱼、蚯蚓、螺蛳、蚌肉为主诱饵料。在网箱中设置食台，用蒲席、密眼网布等制成，一般放置在水下10～15厘米。先让放养后的黄鳝停食3天，使其饥饿，从第3天傍晚前开始驯食，用纯鲜饵浆全池泼洒，后慢慢缩小范围至食台，2天后用60%～70%的鲜饵浆（如新鲜鱼浆）加30%～40%的配合饲料拌和均匀后放置食台，投喂量以黄鳝体重1%为准，一般经7～10天驯化黄鳝能正常摄食。

饲料投喂方法：坚持“四定”原则，并根据天气、水温等变化灵活掌握。黄鳝驯化正常摄食后，逐渐调整投喂时间，将时间调整到上午9时和下午17时，逐步减少鲜饵浆的比例，增加配合饲料比例，最后使两种料的比例达到3∶7，投喂量为黄鳝体重的3%～5%。6—9月份是黄鳝生长旺季，可加大投喂量，日投喂量为鳝体重的5%～8%，上午投喂日饵量的30%，下午投喂70%，其他时间日投喂量为鳝体重的1%～3%，一般以喂后2小时左右吃完为度，每天吃剩的饵料要及时捞出。

6. 水质控制

水质控制是网箱养鳝的重要环节，要定期泼洒有益微生物制剂或养殖池水改良剂等，营造良好的养殖环境，还可同时进行挂袋。

7. 病害防治

深水无土网箱养鳝，只要严格把好鳝种质量关，定期做好消毒和驱虫工作，一般很少发病。防病的关键是保持良好的水质和投喂质优量足的饲料，在发病季节要及时用药物预防。消毒每20天1次，可用25毫克/升的生石灰或1毫克/升的漂白粉全箱泼洒；驱虫每40天1次，可用0.45毫克/升的晶体敌百虫全箱泼洒。黄鳝易发生寄生虫病、细菌性疾病和真菌性疾病。

寄生虫病：黄鳝寄生虫病主要有肠道寄生虫、血液寄生虫和体表寄生虫。肠道寄生虫主要是新棘虫、毛细线虫寄生率和寄生强度非常高，这也是黄鳝生长慢、免疫力下降的重要原因，治疗方法：用阿苯达唑2片，拌食2～3千克，投喂50千克左右黄鳝，1天1次，连喂3天；血液寄生虫主要是隐鞭虫，导致黄鳝贫血死亡，治疗方法：用7克硫酸铜和硫酸亚铁合剂(5∶2)进行挂袋，根据网箱大小，每只网箱挂2～3袋，隔1周后再用1次；体表寄生虫主要有锥体虫等，治疗方法：用每立方米水体用0.7克90%的晶体敌百虫，化水全箱均匀泼洒。

细菌性病：黄鳝常见的细菌性疾病主要有细菌性皮肤病、细菌性烂尾病等，目前没有特效药物，主要是以预防为主。一般黄鳝下箱前用生石灰水体消毒，以后每半月用三氯异氰脲酸粉或二氧化氯消1次毒。在驯食时，可以加一点诱食剂，复合多维和四黄粉。以后每半月加一次四黄粉和维生素C或复合多维，增强黄鳝体质。在8—9月份黄鳝吃食量大的时候可以加一定量的微生物制剂在饲料里面，添加微生物制剂时应和消毒剂和抗生素间隔3天左右。

真菌病：黄鳝真菌性疾病主要有梅花斑病和白皮病等，一般利用蟾蜍进行防治。预防方法为，每5米^{2}网箱投放1只性腺成熟的蟾蜍，治疗方法为：每立方米水体用大蟾蜍2～3只，用刀在其皮上划10～15处破口，再用绳子系上脚，在网箱内来回拖几次，连用3～5天。

8. 日常管理

每天巡池，观察黄鳝的吃食、活动、病害、死亡等情况，检查网箱有无破损，进排水处有无黄鳝逃逸，发现问题，及时处理。夏季要防止水温过高，水草生长过于茂盛时清理多余的水草；冬季根据天气变化，及时采取防冻防寒措施。

9. 捕捞销售

黄鳝的季节性差价很大，网箱养鳝可选择在鳝价较高时上市销售，采用捕大留小的方法，将规格在 100 克以上的成鳝上市，没达上市规格的继续留养。冬季捕捞时要带水操作，防止黄鳝冻伤。

(二)浅水有土网箱养殖黄鳝

浅水有土网箱养殖黄鳝，一般是在水面面积较小、水位较浅的水域中设置网箱进行黄鳝养殖。网箱入水深度不超过 50 厘米，箱内堆放 10～20 厘米的泥土层。这种养殖模式主要优点是黄鳝生长快，换水简单，管理方便。具体养殖技术为：

1. 网箱设置

网箱结构、大小可参照深水有土网箱要求。网箱入水深度在 30～40 厘米，网箱底部平铺在池底，在网上垫 20～40 厘米厚的泥土，土层要基本持平。泥土应当选择有机质丰富、结构好的黏性土壤，一般采用农田的表层土壤。

2. 栽种水草

在网箱内移植大量的水花生或水葫芦，移植方法同深水有土网箱栽种水草方法；高温季节，在网箱内外的水面上投放浮萍，箱内的浮萍以遮住缝隙为好，箱外的浮萍以基本遮掩水面就行了。

3. 苗种放养

浅水有土网箱养殖黄鳝，可高密度精养，每平方米投放鳝种 2～3 千克。鳝种选择与投放要求参照深水有土网箱，同时每立方米放养 5～10 条。每 5 米^2 网箱投放蟾蜍 1 只，用于防病。

4. 饲料投喂

参照深水有土网箱投喂方法

5. 日常管理

加强水质调控。网箱入水深度与无土网箱相比，相对较浅。要注意水位调节，春、秋季水位浅些，夏季高温时期，要加深水位，经常换水，每 7～10 天换水 1 次。

做好防逃工作。经常检查网箱，发现漏洞，及时修补，防止黄鳝逃跑。

日常还做好病害防治、清除残饵、捞取过多的水草等工作。

6. 越冬管理

一般采用无水越冬，即当气温下降至 10℃左右排干池水，让黄鳝冬眠，当气温到 5℃左右，在网箱内铺上一层厚 10～15 厘米的干稻草。

楚州区南闸镇一只 12 米^2 网箱养殖黄鳝实例见表 5-3。

表 5-3　楚州区南闸镇一只 12 米^2 网箱养殖黄鳝实例

鳝种放养		成鳝收获		
规格(克/尾)	数量(千克)	规格(克/尾)	数量(千克)	成活率(%)
40	15	125	42	90

投入、收益情况(元)

项目	小计	鳝种	饲料	药物	网箱等设施折旧	人工及其他
投入	828	15×24＝360	265	43	50	110
产值	42×50＝2 100					
收益	2 100－828＝1 272					

第四节　网箱养青虾技术

青虾，也称河虾，营养价值高，是市场最优质的淡水水产品之一，具有生长快、养殖周期短等优点(图 5-9)。多年来，池塘养殖单产始终不高，满足不了市场对青虾的需求。从 20 世纪 80 年代起，在大水面中实行网箱养殖青虾，极大地提高了青虾养殖的产量，一定程度上丰富了市场的需求。网箱养殖青虾具有投资少、养殖周期短、产量高等特点，其主要技术要点如下：

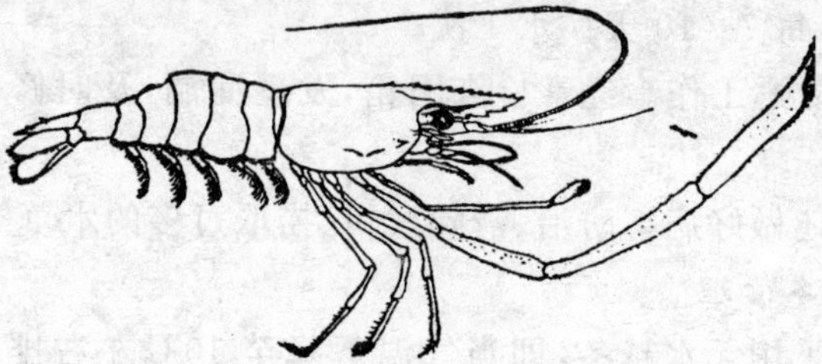

图 5-9 青虾

一、与青虾养殖密切相关的生物学特性

(一)栖居

青虾喜欢栖居在水草丛中、水流平缓、水质清新、底为泥底的浅水区。但栖息的深度也随季节的变化而有所变化。夏秋季节为青虾的主要生长季节，多活动在 1 米左右水深的沿岸浅水区。而冬季至初春水温低，青虾则移至较深的水层越冬。春季水温逐步回升，青虾则再度回到浅水区活动。

(二)水温

当水温达到 14℃以上时青虾开始吃食，18℃以上时吃食旺盛，最适宜的生长温度是 25～30℃。水温升高到 33～35℃时，仍然有较快的生长速度。

(三)避光性

青虾对光照有明显的反应，白天多潜伏栖息在阴暗的地方，夜间出来活动，但在生殖季节白天也会出来交配。在养殖池中白天投喂时，青虾也会出来吃食，但数量较夜晚偏少，所以青虾的投饲主要在傍晚进行。

（四）溶氧

通常要求溶解氧达到 5 毫克/升以上。如果低于 2.5 毫克/升时，青虾即停止吃食；降低到 1 毫克/升时，青虾会因缺氧而浮头死亡。所以青虾对水中氧气的含量要求比较高。

（五）食性

青虾在天然水域中主要饵料是植物碎片、有机碎屑、丝状藻类、水生昆虫、小型底栖动物以及各种动植物残体。在养殖情况下，各种鱼的饵料均可为青虾的饵料，如米糠、麦粉、饼类、蚕蛹、螺蚌肉、鱼肉、配合饲料等。青虾在饲料不足或动物性饵料缺乏的情况下，也会出现同类自相蚕食的现象。

（六）水草的要求

青虾在水中游泳能力差，游动距离短。一般在水草及池底等附着物上攀爬。水草是青虾栖息活动的主要附着物，起到立体利用、均匀分布的作用，是提高青虾放养密度的最重要的基础条件。水草也是青虾蜕壳隐蔽的场所，有利于逃避敌害的侵袭；在高温季节也可起到避光、遮阴降温的作用。

（七）寿命

青虾寿命仅 14～18 个月，雄虾较雌虾还稍短一些。经过越冬的青虾，7 月份便开始死亡，8 月份会成批老死，所以当年 6—7 月份放养的虾苗到第二年 6 月份应完全起捕上市。

（八）蜕壳

青虾的生长必须通过蜕壳来完成，因此，蜕壳越快生长越快。青虾一生中大约蜕壳 20 次。刚孵出的蚤状幼体变态成幼虾，需经过9次蜕皮，每次间隔1～3天，在水中成浮游生活。从变态成幼虾到性腺成熟前，7～11天蜕壳1次，此阶段为幼虾阶段。性腺成熟到老死为成虾阶段，生长季节15～20天蜕壳1次。

二、网箱养殖青虾技术要点

（一）网箱设置地点的选择

网箱养殖青虾，必须选择水质清净、水源丰富，无污染，且离岸边不远，岸上地表径流水流入量大的区域。水深不高于2米，不低于1.5米，风浪较小，避开交通要道。最好选在有一定水流的湖湾、库汊和河口区。

（二）网箱结构

网箱制作的结构与材料和正常网箱制作一样。箱体结构一般用聚乙烯网布缝制而成，箱体以长方形为好。网箱规格一般为40～60米^2，箱底、箱壁的网目选用20～30目/厘米^{2}为好。

（三）网箱设置

网箱采用固定式，上口可加盖或敞开。网箱布局为每5～10只网箱排成一行，箱距4～5米，行距5～6米，网箱入水深度80～90厘米。

（四）水草栽植

由于青虾属底栖习性的动物，一般只在箱底和箱壁攀缘爬行摄食生活，不充分利用网箱的空间，这就限制了虾苗的放养量和单位水体的产量。为了提高网箱养虾的水体利用率，应在网箱中移植漂浮植物，如水葫芦、水浮莲、浮萍等。

（五）繁殖虾苗

1. 孵化网箱与虾苗培育网箱结构

孵化网箱箱架用5厘米×5厘米的木条做成，长1.7米、宽

1米、深0.5米的网箱架，网箱采用封闭式网衣，大小以紧贴箱架为宜，网目为每平方厘米12目。箱架四角各系挂砖头一块，使箱露出水面约5厘米。并将孵化箱放入之中，培育箱的大小与成虾箱相似，但是用密网布做成，约200目/厘米^2，每只虾苗培育箱内可放孵化箱1～2只。

2. 抱卵虾放养与幼体孵化

网箱育苗所用的亲虾为湖泊、河沟中采捕的天然抱卵虾，放养时间最好选在5—6月份，要选择已开始出现复眼的抱卵虾。将卵子发育大致相同的抱卵虾放在同一只孵化箱中。

每只孵化箱可放抱卵虾350～500只。在气温正常情况下，经过5～10天的孵化，蚤状幼体就能破卵膜而出，脱离亲体离开孵化箱进入培育箱。此时，可将孵化后的雌虾连同孵化箱一并移出虾苗培育网箱。

3. 幼体培育

在网箱中开展幼体培育，主要靠人工投饵。饵料以豆浆为主，将黄豆用水浸胀，磨成浆汁，用密目聚乙烯袋去渣进行泼洒，每只培育网箱每天用黄豆1～2千克。上下午各1次均匀泼于培育箱中，经过约25天的培育，一般幼体可以长成1厘米左右的幼虾，达到虾苗放养规格。

(六)成虾养殖

1. 虾苗放养

(1)虾苗选择　要求品种纯正、体质健壮、规格均匀、附肢完整、无病无伤。

(2)放养时间及数量　一年可养殖两季虾，夏季放养越冬虾苗，规格为1 000～1 800只/千克，放养密度为5万～6万尾/亩，在4月20日前放养结束。秋季养殖在7月20日至8月10日放养当年繁殖的虾苗，规格为2 000～5 000只/千克，放养密度为8万～10万只/亩。

(3)放养方法　宜在阴天或早晚无风时进行，并一次放足，避免分批放养。放养操作过程中，要保持虾苗湿润，防止曝晒，虾苗离水时间不能超过5分钟。

2. 饲料投喂

(1)饲料品种　青虾为杂食性，饵料主要种类有螺蛳、小杂鱼、蚕蛹等动物性饵料，各种豆粕、米糠、麦粉等植物性饵料，以及配方饲料。网箱养殖青虾一般以全价配方饲料为主，饲料蛋白质含量30%～40%，配合以60%植物性饲料、40%动物性饵料。

(2)投饵方法　日投喂3次。开始日投饵率为虾体重的30%，10天后改为20%，20天后改为10%，30天后改为8%。以后逐步降到5%，10月份降为3%，开始第一个月投喂含蛋白质35%以上的幼虾饲料，以后改为含蛋白质30%左右的成虾饲料。8月中旬开始增加鲜活饵料投喂，并适当投喂鲜嫩水草，促进虾的蜕壳生长。

3. 日常管理

网箱养殖青虾的日常管理要做到每天早晨巡塘检查，检测水质，观察青虾活动和摄食情况，捞除残饵；早晨和傍晚都要检查网眼是否畅通，及时清除网布上的淤泥和附着物，防止附着的泥沙、藻类过多而堵塞网眼，影响水体交换，一般10～15天用刷子清洗网衣1次。同时要检查箱体网片是否破损，防止逃虾。要定期清除网箱内危害青虾的杂鱼，方法为：拉起网箱，将鱼置于一角，将杂鱼除去。此外还要防治水鸟、老鼠。

青虾饲养期间，每10～15天使用1次生石灰对网箱及周围水体进行泼洒，用量一般为每亩每米水深用生石灰20～25千克，化成浆液后全池均匀泼洒。

4. 青虾病害防治

所有水产品养殖的疾病防治应贯彻“预防为主”的方针，青虾也是一样。由于网箱中的水流交换快，水体不易缺氧，敌害生物少，所以虾病极少发生，但有时也会发生。常见病的防治如下：

(1)烂鳃病(黑鳃病)

【症状】病虾鳃丝发黑，局部有霉烂。

【病因】虾鳃部被霉菌、细菌侵蚀，致使鳃部受损；长期缺乏维生素 C，使虾体内生化反应无法进行，导致虾体瘦弱死亡。

【防治方法】霉菌和细菌引起的黑鳃病可用漂白粉，按每立方米养殖水体 2 克的用量，溶解于水中，全箱泼洒，同时用漂白粉进行挂带，连用 5 天，并在饲料中添加维生素 C。

(2)红体病

【症状】发病初期青虾尾部变红，继而扩展至泳足和整个腹部，最后头胸部步足均变为红色。病虾行动呆滞，食欲下降或停食，严重时可引起大批死亡。

【病因】由多种弧菌感染引起。

【防治方法】用二氧化氯全箱泼洒，用量为 0.1～0.2 毫克/升，严重时 0.3～0.6 毫克/升。

(3)黑斑病

【症状】病虾的甲壳上出现黑色溃疡斑点，严重时活力大减，或卧于池边处于濒死状态。

【防治方法】保持水质清爽，捕捞、运输、放苗带水操作，防止亲虾甲壳受损；发病后用聚维酮碘全箱泼洒(幼虾：0.2～0.5 毫克/升，成虾：1～2 毫克/升)。

(4)藻类附着病

【症状与病因】主要是一些底栖的蓝绿藻类，在水质不佳、透明度过高而虾类生长较慢时附着于虾体表面，影响虾的摄食活动，严重时使虾不能蜕壳而死亡。

【防治方法】保持箱体内水体有一定的流速，且水深保持 1.2 米以上。

5. 青虾的捕捞与越冬

成虾要及时起捕。青虾多次脱壳，生长速度差异性大，易相互残杀，所以要采用捕大留小的方法。一般于虾苗放养 30 天左右进行起捕上市，以后每 7～10 天捕捞 1 次，及时将达到商品规格的青虾捕捞出售。

12 月份至翌年 3 月份是青虾的越冬期，成虾网箱可兼作越冬网箱。每亩网箱可放青虾 150 千克左右。网箱中的青虾越冬需做好以下保暖工作：①加深网箱水位；②将网箱移至向阳避风的水域；③网箱底放棕片或柳树根 250～300 千克，供虾潜伏。有条件的，还可将幼虾移至池塘越冬。

第五节　网箱养乌鳢技术

网箱养殖乌鳢(图 5-10)，是近几年来大水面集约化养殖的一种新兴的养殖模式，特别是随着乌鳢市场行情的不断攀升，乌鳢养殖面积不断扩大，网箱养殖乌鳢已成为沿湖沿荡地区农民致富的重要途径，在我国微山湖地区养殖规模较大。现将乌鳢的生物学特性及其网箱养殖技术介绍如下：

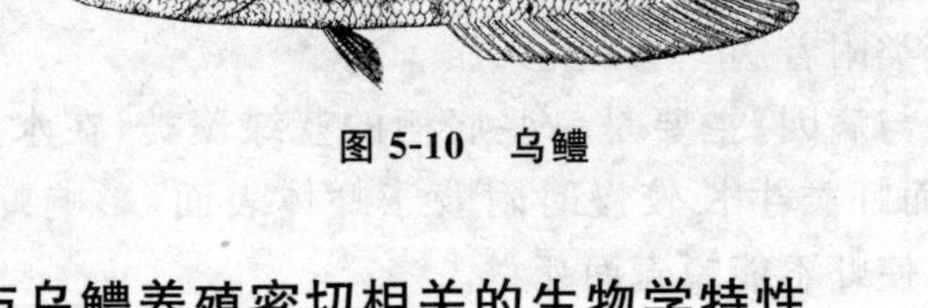

图 5-10　乌鳢

一、与乌鳢养殖密切相关的生物学特性

(一)栖居环境

乌鳢喜欢生活在江河、湖泊、水库、沟港及低洼沼泽的静水水

草区。乌鳢对水质、水温和其他外界环境变化的适应性特别强，即使其他鱼类难以生存的水域环境，乌鳢也能生活。乌鳢的生存水温为 0～41℃，最适宜水温为 26～28℃。当冬季水温过低时，其将身体后半部潜埋在淤泥或草堆里，头露在水中，不吃不动，也能生存下来。乌鳢耐低氧，在浑浊缺氧的水体中亦能生存，将其头露出水面，借助鳃上器官，直接呼吸空气中的氧气。乌鳢善跳易逃，养殖乌鳢要注意防逃工作。

(二)食性

乌鳢为典型的凶猛肉食性鱼类，主要以小鱼、虾、蛙和蝌蚪、水生昆虫及其他水生动物为食。当食物不足或规格大小相差悬殊时，乌鳢有自相残杀的习性，因此，养殖乌鳢要注意放养规格一致，尤其是苗种培育阶段，应根据规格大小实行多级分养。在自然条件下，2 龄前，为乌鳢体长加速生长阶段，生长旺盛，2 龄后，进入性成熟阶段，鱼体增长速度减慢。在人工饲养条件下，当年即可长成 500 克以上。

(三)生长繁殖

乌鳢的性成熟午龄和繁殖季节随地域而稍有差异，长江流域的乌鳢，2 冬龄，体长 30 厘米以上，性腺即可成熟，其产卵季节为 5—7 月份，以 6 月份产卵最盛。黑龙江流域的乌鳢，2 冬龄以上，体长大于 35 厘米性腺才能成熟，其产卵季节为 6—8 月份，7 月份为产卵高峰期。

二、网箱养殖乌鳢技术要点

(一)网箱设置地点的选择

网箱要选择在环境安静、通风透气、日照条件好、水质清新、溶氧丰富、无污染，常年水深不小于 2.5 米的水域。乌鳢耐氧力强，对水质要求不严，一般具有一定的水深和阔度的水域均可发展乌鳢网箱养殖。

(二)网箱的结构及设置

箱体宜采用聚乙烯网片制作，网目规格依放养的鱼种大小而定，以不钻出为准，面积每只网箱在 15～30 $米^2$，最大不超过 100 $米^2$。网箱最好为有盖的，盖网网目可大些，以防逃和通过投喂的饲料为主要功能，箱高 2.5 米，网箱四角用毛竹将网箱固定于水域中，网箱没入水中部分为 1.5 米，露出水面部分为 1 米。如无盖网箱，为防乌鳢逃逸，再在网箱口顶端四周缝上宽 0.5 米的罩网作防逃网。

设置时，4 个网箱为一排，每个网箱间隔 3 米左右，每排网箱应错开排列，排间距离 5 米左右。

(三)种植水草

网箱内应放置一块水花生草，草的覆盖面积占网箱面积的 40%～60%。水草可作人为制造的阴影符合乌鳢的生活习性，又可作为乌鳢的栖息场所，高温期间可遮阴降温，防止水温过高，也利于鱼类摄食生长。

(四)鱼种放养

(1)鱼种选择　鱼种最好选择池塘培育的鱼种。鱼种要求体质健壮、无伤无病、活动能力强、规格整齐。野外捕获的鱼种往往大小不一，病害较多，且难以驯化吃食。

(2)放养时间　从第一年的 11 月份至翌年 4 月底前均可放养。同一网箱放养的鱼种规格应尽量一致，避免相互残杀，有利于投饲和提高成活率。

(3)放养数量　一般每平方米放养 100～150 克/尾鱼种 10～15 尾，饵料来源不足的，可适当降低放养密度。鱼种放养时，一般用 3%～5%食盐水溶液浸洗鱼体 10～15 分钟，具体时间要看鱼种体质强弱、水温高低、药液浓度等情况灵活掌握，且浸洗消毒时必须注意观察鱼体的动态，如有异常现象则应立即停止浸洗，立刻放养。

(五)饲料投喂

(1)饲料选择　目前养殖乌鳢主要投喂淡水鲜活野杂鱼，也可投喂冰鲜海水小杂鱼，不可投喂有硬棘刺的鱼类。目前乌鳢的全价饲料也开发成功，也可投全价颗粒饲料，饲料的动物蛋白含量不小于45%。饲料要求新鲜、适口。

(2)投喂方式　不管是投喂小杂鱼还是颗粒饵料，在投喂初期，每次都要先用鲜鱼进行驯食，待乌鳢抢食搅动水体后投喂死鱼或颗粒饲料，采用边吃边投的方法，直到鱼群停止摄食为止。小规格的饵料鱼可直接投喂，大规格的饵料鱼需切碎后再投喂，要求保证饵料鱼的适口性，大小以乌鳢能吞下为准。正常投喂时需要一把一把地抛洒，不可将食物一下子倒入箱内。

(3)投喂时间及数量　一般从4月初开始投饵，每天投喂2次，上午8—9时投喂1次，下午4—5时投喂1次，日投饵量为箱内鱼总重量的5%～6%。在鱼类旺食旺长季节，饵料要保证其吃饱，并要根据生产季节、天气变化、水质、鱼的吃食等情况及时调整。

(六)日常管理

与常规网箱养鱼管埋相同。特别是要加强防逃、防害措施，坚持每天清晨与晚上各巡逻水面上箱体一遍，检查网箱是否完全张开，网片有无破损和脱线的地方，发现破损处及时修补，防止破网逃鱼，确保网箱养殖的安全；在台风、暴雨季节要加固网箱，及时升降网箱；定期清除网箱内的污物和网衣上的附着物，保持箱内水体交换，提高含氧量，确保乌鳢生长具备良好的水环境条件。

(七)病害防治

1. 预防措施

贯彻以防为主、防治结合、防重于治、有病早治的原则，确保乌鳢健康生长。一般情况下,网箱养殖乌鳢易患细菌性疾病,尤其是消化道疾病,为此,每隔半个月泼洒1次二溴海因,同时结合投喂药饵,可在饵料鱼中拌入土霉素或大蒜素等药物,连喂3～5天。在养殖过程中,发现有车轮虫寄生于鱼体鳃部,可用硫酸铜进行泼洒与挂袋相结合的方法及时对症治疗。

乌鳢对硫酸亚铁很敏感,在鱼病防治过程中应慎用或不用硫酸亚铁,以确保养殖的安全。

2. 几种常见疾病的防治

(1)赤皮病

【症状】病原体为萤光极毛杆菌。鱼体体表局部出血、鱼鳞脱落,特别是腹部两侧,有蛀鳍现象,鱼体行动缓慢,病鱼常漂浮于水面,体弱无力。常常继发水霉病,直至死亡。

【防治方法】①用生石灰彻底清塘。在放养、捕捞等生产活动过程中,操作要谨慎;避免伤害鱼体。②用含氯消毒剂消毒,按不同品种氯消毒剂的使用浓度进行,全箱泼洒,同时口服土霉素,每千克饲料2克,连喂3～5天。

(2)水霉病

【症状】经鱼体检查可见在鳍条、吻端布有棉絮状物,严重者鳍条末端腐烂成梳状。

【防治方法】①放养前每亩水深1米用100～150千克生石灰彻底清塘,排除底部淤泥。②定期清除残饵,冲洗网箱,清除附生藻类,增加网箱内外水体交换。③鱼种用3%～5%的食盐水或5毫克/升高锰酸钾浸洗10～15分钟。

(3)出血性败血症

【症状】病鱼鳍基、腹部、尾部等处有出血斑,鱼体消瘦而暗黑,眼球突出。剥除鱼的皮肤,可见肌肉呈点状或块状充血、出血。严重时全身呈鲜红色,鳃丝发白,肠内无食,肠壁充血。

【防治方法】选用新鲜无病的饵料鱼投喂,投饲前用3%～5%

的食盐溶液浸泡30～60分钟消毒，然后用清水漂洗后投喂；每隔15～20天，采用含氯消毒剂挂袋消毒。

(4)腐皮病

【症状】似家鱼的打印病、烂尾病等，发病部位不定，病灶红肿、溃疡、化脓。

【防治方法】定期消毒预防，可采用氯制剂，氯制剂按各种不同品种的使用浓度进行，全池泼洒；然后按每立方米水用五倍子0.1～0.2克的浓度在食场四周挂袋；口服土霉素，每千克饲料2克，连喂5～6天。

(5)小瓜虫病

【症状】病鱼体表、鳍条和鳃瓣上布满白色点状的虫体和胞囊，肉眼可见，病情严重时鱼体覆盖着一层白色薄膜。

【防治方法】用生石灰彻底清塘消毒，杀死虫体胞囊。掌握合理的放养密度。加强饲养管理以增强体质。

第六节 网箱养翘嘴红鲌技术

翘嘴红鲌(图5-11)，又称白鱼。是目前我国养殖的名贵鱼类之一，肉质细嫩，味美可口，养殖效益很好。特别是近年来，随着其苗种人工繁殖技术的成功，新发展的大水面网箱养殖，产量高、效益好，深得沿湖沿荡地区养殖户的青睐。

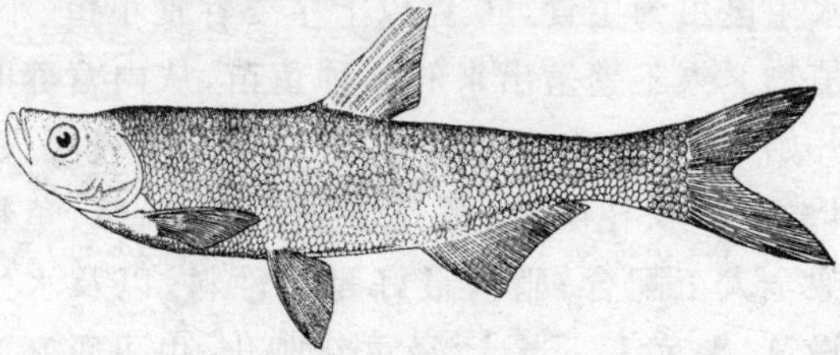

图5-11 翘嘴红鲌

一、与翘嘴红鲌养殖紧密相关的生物学特性

(一)生活习性

翘嘴红鲌属中、上层大型淡水经济鱼类,行动迅猛,善于跳跃,性情暴躁,容易受惊,拉网时,可跳越1米多高的屏障。

(二)生存环境

翘嘴红鲌为广温性鱼类,生存水温0～38℃,摄食水温3～36℃,最适水温15～32℃,最佳生长水温18～30℃;翘嘴红鲌对溶解氧要求很高,不耐低氧环境;翘嘴红鲌适应性与抗病力极强。水深0.5～10米,水质清新,透明度在30厘米以上,pH值6.5～8.5,面积1亩至数十亩,或网箱、水池都适合养殖翘嘴红鲌成鱼。

(三)生长特性

翘嘴红鲌生长迅速,粗生粗养,体型较大,最大个体达15千克以上,常见野生个体为1～10千克,人工养殖的鱼苗,1周年达0.6～1千克,2周年可达2～3千克。一般而言,苗期至体重100克期间生长较慢,100～200克生长稍快,200～300克生长较快,300～2 500克生长最快,3 000克以上生长速度逐渐降低。

(四)食性

野生翘嘴红鲌是以活鱼为主食的凶猛肉食性鱼类,苗期以浮游生物及水生昆虫为主食,50克以上主要吞食小鱼、小虾,也吞食少量幼嫩植物。人工繁殖出来的原种鱼苗,从内营养时期转向外营养时期开始,一直至商品鱼出售,全过程均可投喂人工饲料,如豆浆、鳗料、蚕蛹粉、花生麸、黄豆饼或鱼糜、鱼浆、鱼粒等。3～4厘米可投喂全人工配合饲料,最好是浮性料,以及水生植物如青萍、红萍、嫩草、嫩菜等。当然,经重新驯化,也可重新吃活鱼。投喂优质人工饲料与投喂活鱼的生长速度无多大差别。

二、网箱养殖翘嘴红鲌技术要点

(一)网箱设置地点的选择

一般选择湖泊、水库、外荡等大中型水体，也可以选择较大池塘(一般在50亩以上，水深2米以上)，水质清新无污染。

(二)网箱结构

根据翘嘴红鲌易受惊吓，善于跳跃，性情暴躁的特点，养殖的网箱最好选择有盖网箱，箱盖的网目可适当大点。箱体选用无结聚乙烯网片缝合而成，网目大小要根据鱼种大小来决定。根据翘嘴红鲌的体型及目前市场上供应的鱼种大小等因素，网目以0.5厘米的无结网为起始，网目大小以后根据鱼的生长情况进行调整，一般放养3～5厘米的夏花，网目1厘米左右，放养10厘米的1龄鱼种，网目2～3厘米，培育鱼种可以考虑用夏花网布。网箱形状以长方形为好，面积8～100米^{2}网箱均可，成鱼养殖以大网箱为好。

(三)网箱的设置

网箱在鱼种放养前7～10天放入水中，箱距5米以上。网箱的排列和密度，要以保证每只网箱能充分进行水体交换为准，要特别避开风浪大的水域。

(四)鱼苗放养

(1)鱼种选择　放养要求鱼种规格一致，无伤、无病、身体健康、鳞片完整。最好选择当地培育的鱼种，尽量避免长途运输。

(2)鱼种消毒　一般情况下选择3%～5%的食盐水浸洗，浸洗时间按当时的水温及鱼体忍耐程度而定，操作时必须带水。翘嘴红鲌鱼种消毒不能用硫酸铜、硫酸亚铁合剂。

(3)放养时间　翘嘴红鲌成鱼在江南地区2月份就开食，鱼种放养时间应该尽早。放养时间最好在11月份至翌年3月份，此时水温较低，翘嘴红鲌鱼种活动能力较弱，不会过分跳跃，最好选择气温低、天气较凉爽时放养。夏花放养时间在6月底至7月初。

(4)放养密度　一般鱼种规格在全长10～15厘米，当年商品率可以达到80%(500克/尾)左右，可以放20～150尾/米^2。翘嘴红鲌夏花放养密度根据水质条件，可以放养3～4厘米的夏花500～1 000尾/米^2。

(五)饲料与投饲

经过人工培育的鱼种进行网箱养殖，无须进行投饲驯化。在苏、浙、沪翘嘴红鲌基本上全年吃食，只要水温高于5℃其就会摄食，因此必须及时投饲。

1. 饲料的品种

饲料品种可分3种：一是活饵，活饵规格为饲养鱼体的1/5，如白鲢、花鲢等，苗种阶段也可用鳊鱼、鲫鱼苗作为饵料；二是冰鲜鱼饵，饲养鱼必须是经过驯化的种苗，种苗下塘后应继续保持驯化投饵习惯；三是人工配合饲料，主要是翘嘴红鲌专用膨化料和硬颗粒饲料，但在投饲过程翘嘴红鲌激烈抢食，注意不让膨化料漂出网箱引起饲料外失。投喂人工配合饲料更方便、合算，且最好选择膨化饲料，要求粗蛋白含量35%～40%，膨化饲料浮于水面便于吃食，不浪费饲料。

2. 投喂方式

坚持"四看"、"四定"的原则，保证鱼类吃好、吃饱，快速生长。

(1)"四看"投饵

①看季节：一般立春前后开始投饵，3月份投饵占全年饵料量的2%左右、4月份投饵占全年饵料量的5%左右、5月份投饵占全年饵料量的10%左右、6月份投饵占全年饵料量的15%左右、7—9月份投饵每月占全年饵料量的18%左右、10月份投饵占全年饵料量的8%左右、11月份投饵占全年饵料

量的6%左右。

②看天气：天晴多投，阴雨天少投或不投。闷热、无风欲下雨少喂，雨后天晴可多喂。

③看水色：透明度高时可多投，透明度低时应少投。

④看摄食活动：每天早晚巡塘时检查食物，发现有剩余饵料应减少投饵量，发现有病鱼、死鱼也要少投或更换饲料。

(2)"四定"投饵

①定时：早晚各投喂1次，投喂时间为上午8—9时、下午2—3时。

②定位：投饵冰鲜鱼饵、硬性颗粒料要在网箱内设置食台，将饵料投放在食台上，既便于观察鱼类摄食、活动情况，又利于清除残饲。投放活饵与膨化浮性料，一般不设置饵料台，每天只要固定地点投喂就行。

③定质：确保新鲜适口，严禁投腐败变质饵料。

④定量：鱼类日投饵量基本固定，不能忽多忽少，一般为鱼体重的2%～8%，分两次投饵，按上午占40%，下午占60%的量进行投喂，每餐投至80%的鱼不吃为止。

(六)日常管理

在养殖期间的主要工作有两个方面：一是要经常清洗网箱，保持水体交换畅通，防止缺氧；二是经常检查鱼的活动情况，防止发生疾病，同时还要根据鱼体的生长情况，及时调整饲料投喂量。

(七)常见病害防治

翘嘴红鲌箱养殖很少发生鱼病，常见的鱼病主要有寄生虫病、烂鳃病、肝胆综合征。

1. 指环虫病

【症状】指环虫主要寄生在鳃部。虫体少量寄生时没有明显症状，大量寄生时，可引起鳃丝肿胀、鳃盖张开、贫血，呈花鳃状，鳃上有大量黏液，并可看见鳃上有乳白色虫体。

【防治方法】①保证鱼体体质，减少对鱼体的损伤，增强鱼体自身抗病能力；保持网箱内水体畅通和水质清洁。②以90%晶体敌百虫挂袋，连用3天。

2. 小瓜虫病

【症状】主要寄生在鱼类的皮肤、鳍、鳃、头、口腔及眼等部位，虫体大量寄生时，病鱼病灶部位组织增生，分泌大量黏液，形成一层白色基膜覆盖于病灶表面，鳃上肉眼可见粒状小白点，故又称白点病。

【防治方法】①通过清洗网箱、增大网箱网目来增加网箱的透水性。②降低养殖密度、增大网箱养殖容量。③在鱼病流行季节，每半个月泼洒1次生石灰，起到消毒、调节水质的作用。

3. 烂鳃病

【症状】病鱼离群，摄食下降或不食，肉眼可见鳃上黏液增多，鳃丝腐烂带泥，严重时，鳃丝末端软骨外露，鳃盖内侧表皮充血，中央腐烂成一个圆形小洞，俗称“开天窗”。

【防治方法】以二溴海因全箱泼洒使网箱养殖水体达0.4～0.5克/米^{3}浓度，连用2～3天。

4. 肝胆综合征

【症状】肝胆肿大、变色，鳃丝失血。

【防治方法】①改善养殖环境：选择水质良好的养殖环境，降低养殖密度，保持网箱透水性。②严格选料、科学投喂：选择营养丰富全面、品质优良的饲料，防止蛋白质变质和脂肪氧化，防止饲料受潮发霉变质。科学投喂，切忌过量投喂。③用氟苯尼考、多维、三黄粉拌料投喂3～5天，每吨料氟苯尼考1千克，多维50克，三黄粉1 000克。

第七节　网箱养黄颡鱼技术

黄颡鱼(图 5-12),俗称嘎鱼、嘎牙子、黄姑、黄腊丁、黄鳍鱼等,是在我国淡水水域中广泛分布的一种小型经济鱼类,其含肉率高、营养丰富且具有一定的滋补和药用价值,在国内外市场深受欢迎。在湖泊、水库、河沟等水体中开展网箱养殖黄颡鱼,能有效地利用水体,获得较高的经济效益,是广大养殖户调整种养结构、增加收入的有效途径。现将其相关技术措施介绍如下。

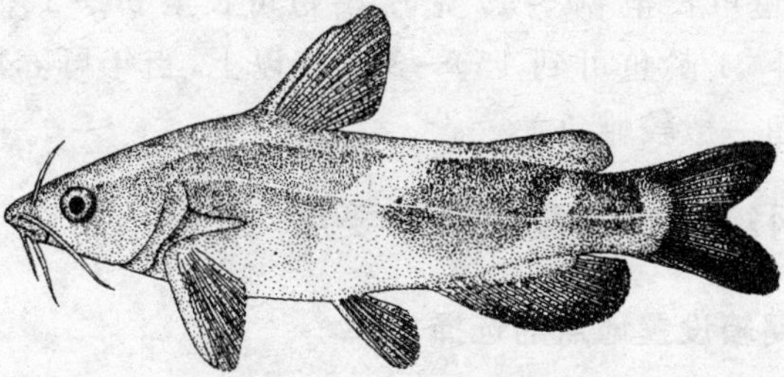

图 5-12　黄颡鱼

一、与黄颡鱼养殖密切相关的生物学特性

(一)生活习性

黄颡鱼多在静水或江河缓流中活动,喜底栖生活,白天栖息于底层,夜间则游到水上层觅食。属温水性鱼类,生存温度 0～38℃。最佳生长温度 25～28℃,pH 值范围 6.0～9.0,最适 pH 值为 7.0～8.4。耐低氧能力一般,水中溶氧在 3 毫克/升以上时生长正常,低于 2 毫克/升时出现浮头,低于 1 毫克/升时会窒息死亡。

(二)食性

黄颡鱼是肉食性为主的杂食性鱼类。觅食活动一般在夜间进行,食物包括小鱼、虾、各种陆生和水生昆虫、小型软体动物和其他水生无脊椎动物。人工培育可喂绞碎的鱼、虾及软体动物,既要摄食动物性饵料,也吃人工配合饲料,但最好以配合饲料为主,辅以动物性鲜活饵料。

(三)生长

黄颡鱼生长速度较慢,一般个体重 200～300 克。在自然条件下,1 龄鱼可长至 20～50 克,2 龄鱼可长至 50～150 克。人工养殖条件下,1 龄鱼可到 150～300 克以上,当年可养成商品鱼。黄颡鱼雄鱼一般较雌鱼大。

二、网箱养殖黄颡鱼技术要点

(一)网箱设置地点的选择

要求水源充足且水质良好无任何污染,水深在 3 米以上,溶氧较高,水体透明度在 30 厘米以上,且水体的交换量不大。

(二)网箱结构与设置

网箱由聚乙烯网片制作而成,网衣网目一般要求在 2.0～3.0 厘米,网底网目为 1.5 厘米,网箱的规格以 10～30 $米^2$ 为宜,网箱形状以正方形或长方形为宜,箱深要求 2 米。

在鱼种放养前 1 周将网箱放入水中,使网箱壁黏附藻类,减少鱼体的擦伤。网箱之间的距离在 2～3 米。在网箱内移植占网箱面积 2/3 左右的水葫芦或水花生,为在炎夏时的黄颡鱼降温防暑和辅助隐蔽。

(三)鱼种放养

(1)种苗选择　黄颡鱼种类较多,有瓦氏黄颡鱼、叉尾黄颡鱼、中间黄颡鱼、光泽黄颡鱼、黄颡鱼等，目前作为主要养殖对象的是普通黄颡鱼与瓦氏黄颡鱼。

鱼种要求规格整齐、色泽鲜艳、体表无伤、体格健壮、游动活泼，最好使用人工繁殖的鱼种，人繁培育的鱼种成活率高、易驯化。

(2)放养时间　一般在春节前后开始投放鱼种，此时水温低，鱼体不易受伤。

(3)放养数量　每平方米网箱放养 20 克/尾左右的大规格鱼种 100～150 尾。此外，适当搭养一些团头鲂，以充分利用饵料，净化网箱水质。鱼种下箱前需用 3%～5% 的食盐水浸洗鱼体 5～10 分钟，以杀灭寄生虫和病菌。

(四)饵料投喂

(1)饲料选择　黄颡鱼饲料有天然鲜活饲料和人工配合饲料两类。鲜活饲料主要包括小杂鱼虾、蚯蚓等，可将小杂鱼虾绞碎打成浆直接投喂，也可将小杂鱼虾绞碎打成浆后用植物性粉状饲料混合后投喂。人工配合饲料包括膨化浮性料与硬颗粒料，人工投喂以膨化料为好，蛋白含量在 35%～40%，脂肪 7%～8%，并添加维生素。

(2)投喂方法　坚持“四看”、“四定”投饵原则。

饲料的日投喂量根据网箱中黄颡鱼总体重和水温而定。水温 10℃以上时即可投喂，水温 10～15℃时，投饲率为 1.5%～1.8%；水温 16～20℃时，投饲率为 2%～2.5%；水温 21～36℃时，投饲率为 4%～5%。一般每天喂 2 次，早上 8 时、下午 6 时前后各投喂 1 次，下午投饵量应占日投饵量的 60%～70%，每次投饵量以 2 小时内吃完为宜。

根据不同季节调整投喂量，8—10 月份为投喂的高峰期，11 月份虽然水温已下降，为了保肥越冬，仍需投喂一定量的饲料。阴晴骤变、酷暑闷热、雷阵雨天气或连阴雨天，减少投喂或停止投喂。水色过浓、溶氧低时，减少或停止投喂。

如投喂硬颗粒性或其他非浮性料网箱，需定点投喂，在网箱中设1个3～5米^{2}的饲料台，饲料台吊挂于网箱中央，以贴近箱底为准，驯化黄颡鱼养成在饲料台上摄食的习惯。

(五)日常管理

坚持每天巡查鱼塘和网箱，观察鱼的活动情况，检查网箱是否破损，捞出网箱内的病鱼和死鱼，保持网箱内水体清洁。

经常刷洗网箱污物及附着藻类，使水体充分交换。

保持水质清新、溶氧充足，发现异常要及时加水或换水。

适时轮捕，要根据市场行情和鱼体生长情况，及时起捕上市。

(六)鱼病防治

病害防治坚持"以防为主，防治结合"的原则。

1. 主要预防措施

(1)网箱入水前用漂白粉溶液浸泡30分钟。

(2)鱼种放养时，用食盐溶液等药物浸洗鱼体，以杀灭体表病菌和寄生虫。

(3)放养体质健壮、无病害的苗种。

(4)投喂新鲜、优质饲料，坚持"四看"、"四定"投喂方法。

(5)生产操作要小心、轻快，防止鱼体损伤。

(6)定期泼洒药物消毒水体和口服药物，坚持对饲料、食台、工具进行消毒。每10～15天用生石灰水全箱泼洒消毒1次；定期用硫酸铜、硫酸亚铁合剂挂袋；每20天左右用抗生素制成药饵连续投喂2～3天。

2. 几种常见病害防治

(1)肠炎病

【症状】病鱼腹部膨大，肛门红肿，轻压腹部则肛门有黄色黏液流出，解剖后，可见肠道充血发炎。

【防治方法】全箱泼洒0.5毫克/升二溴海因，并在饲料中添加0.4～0.5克/千克土霉素粉，连喂3～5天。

(2)车轮虫病

【症状】病鱼呈“跑马”现象，镜检可见大量虫体。

【防治方法】用0.7毫克/升的硫酸铜和硫酸亚铁合剂(5∶2)全箱泼洒。

(3)锚头鳋病

【症状】寄生部位充血发炎、肿胀、出现红斑，肉眼可见虫体。

【防治方法】用0.3～0.5毫克/升的90%晶体敌百虫全箱泼洒。

第八节　网箱养鳜鱼技术

鳜鱼(图5-13)又名桂花鱼、季花鱼等，为淡水名贵鱼种之一。网箱养殖鳜鱼具有占用水面少、投资少、养殖周期短、产量高、效益好等优点。现将鳜鱼网箱养殖技术介绍如下。

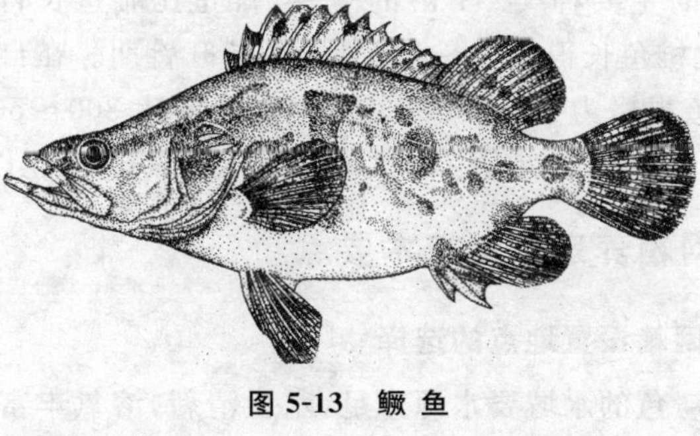

图5-13　鳜鱼

一、与鳜鱼养殖紧密相关的生物学特性

鳜鱼属鲈形目鳜属，主要种类有大眼鳜、鳜鱼(翘嘴鳜)、长体

鳜、斑鳜、暗鳜、波纹鳜 6 种。

(一)生态习性

鳜鱼为底层鱼类,生长在江河、湖泊水域中,喜清水,常栖息在湖底石块、树底处,特别喜欢生活在水草茂盛的水域。鳜鱼以夜间活动、觅食为主,白天一般卧于石缝、树根、底坑中,活动较少。鳜鱼对温度有较强的适应性,在我国南北方均有分布。冬天在深水处越冬,夏天在石缝草丛中避暑。生活生长最适温水温 18～27℃。

(二)食性

鳜鱼是肉食性鱼类,主要以活鱼、虾类等水生动物为食物。喜食流线型或长筒形的鱼类,在饥饿无其他饵料时,它们相互吞食维持生命,有时出现鳜鱼卡死现象,因此在养殖鳜鱼的水体中,要投足够的饵料。

(三)生长

鳜鱼属有 6 种,在 6 种以翘嘴鳜生长最快,其次是大眼鳜,是人工养殖的主要种类。1 龄的鳜鱼,雄鱼比雌鱼长得快,3 龄开始,雌鱼比雄鱼长得快,2～3 龄处于生长旺盛期。在自然情况下,1 龄的鳜鱼规格为 100～150 克/尾,2 龄可达 300～500 克/尾,3 龄可达 800～1 000 克/尾,最大个体可达 5 000 克/尾以上。

二、网箱养殖鳜鱼技术要点

(一)网箱设置地点的选择

养殖鳜鱼的水域要水源充足,水质清新,溶氧丰富,透明度在 30 厘米以上。水体有微流水,背风,向阳,适宜鱼类生活、生长。大水面水体尽量选择水面宽阔、水流缓慢、风浪小、环境安静、阳光充足的水域,且水深在 3 米以上,有微流水通过,水底平坦,泥沙少。

(二)网箱结构

网箱养鳜鱼最好采用小体积、高密度的形式,采用无结节聚乙烯网片缝制而成。网箱以正方形和长方形为好,网箱规格可大可小,一般为5～30米^2,培育鱼种的网箱应控制在20米^{2}以下,鱼种网箱高度2米左右,成鱼网箱高度为2.5～3米。网箱为单层,网目随着养殖规格的不同而不同,培育鳜鱼种初期网箱网目为0.5～1厘米,鱼种养成到10厘米左右时,再进行转箱,网箱的网目为1.5～2厘米,成鱼网箱网目2～4厘米。网箱结构为敞口框架浮动式,箱架用木板制成,用泡沫作浮子。

(三)网箱设置

网箱底部距水底0.5米以上,入水深度1.5米左右,水上高度0.5米。排列方向与水流垂直,最好采用“品”字形或“梅花”形排列,箱距在2米以上,行距在20米以上有利于新鲜水的交换和鳜鱼的生长。新网箱在鱼种放养前15～20天下水设置,让箱体上附生一些丝状藻类等,以避免放养后网箱擦伤鱼体。

高密度养殖网箱,还应配套增氧设施,一般采用微孔增氧机械。

(四)鱼种放养

1. 苗种选择

苗种要求健壮无伤病,规格整齐,放养前用4%食盐水浸泡3～5分钟进行体表消毒。

2. 放养方法

(1)培育鱼种网箱　一般于5月底6月初,每平方米网箱放养5～7厘米鳜鱼夏花苗种100～200尾。

(2)成鱼网箱　每平方米网箱放养50～100克/尾鳜鱼种10～30尾。

并可以搭配鳊鱼、青鱼、鲫鱼。一来借以摄食网箱壁上的附着物青绿苔、杂草、螺蚌等，达到清箱目的，二来增加鱼产量。放养比例一般不要超过总放养量的5%，搭配鱼种规格在100克/尾左右。同一规格的鱼种放在同一个网箱，不同规格的鱼种要分开放养；其次，从外地购进的鱼种入箱前，要注意温差不宜过大，以免造成损伤，降低成活率。

（五）投饵

网箱养殖鳜鱼，饲料鱼可选用鲮鱼、鲢鳙、鲫鱼、鳊鱼等。其中以鲮鱼饲养效果最好，饲料系数低，鳜鱼摄食后生长速度快。饲料鱼要求体质健壮、规格均匀，无病无伤，体长为鳜鱼体长的1/3，经消毒后投入箱内。由于网箱养殖密度大，每次投喂饲料鱼不宜过多。放养初期2～3天投喂1次，每次投饵量为鳜鱼总体重的4倍以上，随着鳜鱼长大，改为每天投喂1次。投喂时间，可选择在鳜鱼摄食最活跃的傍晚进行。每天投喂量为网箱中鳜鱼体重的5%～10%。

（六）日常管理

做好适口饵料鱼的配套培育工作，利用育种网箱或池塘高密度培育鱼种，以后逐步抽稀，捕大留小，解决鳜鱼的适口饵料。鳜鱼养殖与饵料鱼养殖的网箱面积比为1∶3。

坚持每天早、中、晚3次巡箱，在网箱边仔细观察鳜鱼的吃食生长情况，有无病害，检查网箱有无破洞，及时修补，防止逃鱼。

定期清洗箱衣，清除箱内杂物与粪便，一般每15天清洗1次，以保证箱内外水体正常的对流，又有利于防病。在天气变坏或水体缺氧时，及时增氧。

鳜鱼对酸性水质比较敏感，要定期泼洒生石灰，调节水中pH值，可减少病害发生，提高鱼种的成活率。

（七）鱼病防治

鳜鱼摄食活饵，一旦发病，药物无法通过投喂饲料形式来对鳜鱼进行治疗，因此鳜鱼病害防治工作比较困难。在病害防治方法上，要坚持“无病先防，防重于治”的方针，积极做好预防工作。

1. 鱼病主要预防措施

(1)生产操作细心，避免鱼体受伤；

(2)鱼苗、鱼种入网箱前严格消毒；

(3)定期对水体消毒；

(4)及时捞出死鱼，深埋；

(5)病鱼网箱中使用过的渔具应浸洗消毒。

2. 常见病害防治

(1)水霉病

【症状】病鱼体表附着灰白色棉花状水霉菌。

【防治方法】捕捞、运输过程中，要小心操作，防止鱼体损伤，对患病鱼体可用2%～3%的食盐水浸洗消毒。

(2)车轮虫病

【症状】病鱼体表、鳃形成一层白色的黏液层，肉眼可见鱼体上有灰白色点状物。

【防治方法】用2%～3%的食盐水浸洗病鱼5分钟；用0.5毫克/升的硫酸铜和硫酸亚铁合剂(5：2)全箱泼洒。鳜鱼对硫酸铜十分敏感，使用剂量要精确计算。同时在使用硫酸铜时要备好水泵、增氧机，一旦发生鱼体异常情况要立即加注清水，病开动增氧机。

(3)斜管虫病

【症状】病鱼体表为白色，鳍条充血、腐烂，镜检时可见斜管虫。

【防治方法】同车轮虫病的防治。

(4)锚头鳋病

【症状】体表有出血红点，有时肉眼可见虫体。

【防治方法】用0.3～0.5毫克/升的90%晶体敌百虫全箱泼洒。鳜鱼对敌百虫十分敏感，在使用敌百虫时要备好水泵、增氧机，一旦发生鱼体异常情况要立即加注清水，并开动增氧机。使用剂量要精确计算。

(5)中华鳋病

【症状】病鱼鳃丝末端有虫体寄生,好似白色蝇蛆。

【防治方法】用0.5毫克/升的90%晶体敌百虫和0.2毫克/升的硫酸亚铁合剂或0.7毫克/升的硫酸铜和硫酸亚铁合剂(5∶2)全箱泼洒。

药浴方法:将鳜鱼集中到网箱一角,用塑料薄膜将鱼集中箱体的一角与箱外水体隔开,进行洗浴。必须严格按药品说明操作,否则,容易发生鳜鱼死亡情况。

(八)适时起捕

商品鳜鱼对体重的要求比较严格,一般情况下,体重在0.5千克左右的鳜鱼称为等斤鳜,规格过大称为超标鳜鱼,一般等斤鳜的价格是超标鳜价格的2倍以上。因此,鳜鱼要适时起捕上市,防止体重超标,影响经济效益。

第九节　网箱养泥鳅技术

泥鳅(图5-14)是一种分布广,而又常见的鱼类。过去由于个体小,有时又有泥腥味,而食用较少。但近年来,随着泥鳅营养价值逐步地被开发,其肉质细嫩、营养丰富、味道鲜美等优点越来越被认可,在国内外市场很畅销。目前主要养殖方法有稻田养殖、池塘养殖、水泥池养殖与网箱养殖等,网箱养殖已在全国各地开展推广。

图5-14　泥鳅

一、与泥鳅养殖密切相关的生物学特性

(一)栖居环境

泥鳅多栖息于底泥较深,静水或水流缓慢的湖泊、河沟、池塘、稻田等小型水域,喜中性或弱酸性土壤,不喜欢碱性土壤。生长水温为 15～30℃,最适生长温度为 20～30℃,当水温上升到 34℃以上时,即钻入淤泥中度夏;水温降到 5～6℃以下时,潜入泥土停止活动。

(二)对溶氧要求

泥鳅对环境的适应性很强,耐低氧。这种鱼不仅能行鳃呼吸,而且还能行皮肤呼吸和肠呼吸。泥鳅在夏季昼伏夜出,白天钻入泥中,只露出头部,用以呼吸和摄食。冬季钻入泥底,靠肠呼吸来维持生命。一旦遇到水中溶氧不足,就浮到水面吞吸空气,在肠管内进行气体交换。在潮湿的草地、沼泽地中靠皮肤和鳃上器官呼吸空气,能正常生活数小时乃至几天。

(三)食性

泥鳅为杂食性鱼类,幼鱼期主要吃动物,以后逐渐转向杂食,成鱼以植物性饵料为主。天然水域中的小型动物、植物、植物碎屑、腐殖质等,都是它喜欢的食物。与其他鱼类混养时,常以其他鱼类吃剩的残饵为食。泥鳅对动物性饵料相当贪食,在饲养时,动物性饵料不宜投喂太多,以免摄食过量,造成肠道失去呼吸功能,导致泥鳅死亡。泥鳅平时主要在夜间摄食,生殖期则在白天吃食,生殖期吃食量大。

二、网箱养殖泥鳅技术要点

网箱养殖泥鳅,分为有土网箱养殖和无土网箱养殖两种。

(一)有土网箱养鳅

1. 网箱设置地点选择

网箱养殖泥鳅的地点和其他品种网箱养殖的地点选择有较大差别,泥鳅养殖网箱并不要求水流太大、水体较深,其养殖地点应选择避风向阳的湖泊、水库边浅水处、活水池塘或稻田均可,水源清新,水量充足,水质良好且无污染。

2. 网箱的结构

网箱以长方形为好,面积一般在10～20米^2,箱体选用聚乙烯无结节网片,网目一般为40～60目,网箱四周用毛竹扎架固定,上部高出水面50厘米左右。

3. 网箱的设置

网箱在池中排列保持箱距5米以上,以便网箱内外水体的交换,箱底要紧贴池底。放在稻田的网箱要先在稻田的一边挖深沟,要求水深在1米以上,深沟的长宽以能放下网箱为准。网箱设置面积都不要超过水体面积的1/3。网箱要在鳅种进箱前10～15天放入池塘中,让网片充分附生藻类。网箱底部着泥且底层铺上20厘米厚的粪肥、泥土,先铺粪肥10厘米,再铺泥土10厘米,以免泥鳅被网箱底壁擦伤,造成皮肤损伤感染而发病。

4. 栽种水草

网箱中放置水草,如水葫芦或水花生等,漂浮在水面,为泥鳅遮阳隐蔽,夏热时节不仅可以吸收强紫外线对泥鳅的直接照射,还可调节水温;水草根系发达,不仅给泥鳅提供了良好的栖息场所,而且还可净化水质,改善饲养池内的整个生态环境。水草覆盖面积占水面的2/3左右。在整个生长季节,若放养的植物生长增多,要及时捞出,始终控制水草占有2/3水面。

5. 鳅种放养

(1)苗种的选择　放养的泥鳅种苗可以购买人工繁殖的苗种,也可以收购野生捕获的苗种。但不管选择哪种苗种都应挑选规格整齐、体质健壮、无病无伤的鳅种，并剔除受伤、体弱生病的。

(2)苗种的消毒　鳅种进箱前，可用 8 毫克/升硫酸铜或 10 毫克/升浓度的漂白粉溶液或用 3%～5%浓度的食盐水进行鱼种消毒，浸浴时间 10～30 分钟，以杀灭鳅种体表的病原菌及寄生虫。

(3)放养时间及密度　一般于 3 月底前，放养规格为 5～10 厘米的鳅种，放养密度为 800～1 500 尾/米^2，但具体的放养量还应根据养殖水体条件适当增减。水质肥，水体交换条件好的水域、饲料足可多放，反之则少放。

6. 饲料投喂

(1)饲料的选择　泥鳅食性很广，动物性饲料有蚯蚓、小杂鱼、螺蚌肉、鱼粉、动物内脏、血粉等；植物性饲料有谷物、麦麸、豆粕、菜粕、蔬菜茎叶等；以及人工配合饲料，蛋白质含量在 40%以上。非配合饲料投喂要保持动物性饲料与植物性饲料的配比，一般为 6∶4。

(2)投喂方式　饲料投喂坚持做到“四定”投饵原则：一是定时，即每天投喂 2 次，上午 9—10 时投喂 1 次、下午 4—5 时投喂 1 次；二是定点，即在每个网箱中定置面积为 2 米^2 的饲料台 1 个，食台距池底 20～25 厘米，将饲料人工投撒在饲料台上，掌握“先少、后多、再少”的投撒原则；三是定质，要注意饲料质量，做到不投喂变质腐烂的饲料，保持饲料适口、新鲜且其组成成分相对稳定，营养均衡；四是定量，即饲料的日投喂量为泥鳅总体重的 3%～8%，由于泥鳅具有贪食的特点，在养殖过程中应避免过量投喂，一般以 1 小时内吃完的投喂量为宜。

泥鳅饲料的日投喂量要视水温、天气、泥鳅摄食情况等灵活掌握，注意“四看”。一是看季节，4 月份投饵量占全年投饵量的 6%～8%、5 月份占全年投饵量的 10%～12%、6—8 月份分别占全年投饵量的 18%～22%、9—10 月份分别占全年投饵量的

10%、11月份占全年投饵量的2%；二是看天气，天气晴朗可正常投喂饲料，天气闷热时，适当减少投喂量；三是看水色，水质过肥，可减少投饲量，水体透明度大时可增加投饲量；四是看鱼类活动情况，鱼类吃食、活动正常，可增加投喂，反之则少喂。

7. 日常管理

(1)常洗刷网箱　每周洗刷网片1次，保持网箱内外水体流通，使池水中的浮游生物进入网箱内，可为泥鳅提供丰富的基础饵料生物。

(2)常巡塘查箱　坚持早、晚巡塘查箱，检查网箱有无破损和漏洞，及时修补，以防泥鳅逃逸；注意敌害生物进箱对泥鳅造成危害，如肉食性鱼类、水蛇、水老鼠等，发现后立即捕捉。

(3)常清除残饵　及时清除饲料台内的残饵，保持网箱内水质清新。

8. 病害防治

坚持“以防为主，防重于治”的原则。

(1)主要预防措施

①鳅种进箱前用稀盐水或高锰酸钾溶液浸浴消毒；

②采用漂白粉挂袋法预防鱼病，每隔10～15天在网箱内的四周用漂白粉挂袋消毒，每袋装漂白粉100～150克，1次挂2～3只袋；

③每天清除饲料台上残饵，并经常取出饲料台进行清洗、曝晒和更换。

(2)常见病害防治

①水霉病

【症状】病鳅体表附着白色毛状水霉菌，此病多发生于水温较低时期，当鱼体受伤时极易感染。

【防治方法】在捕捉、运输泥鳅时应尽量避免机械损伤，对患病鱼体可用4%的食盐水浸洗消毒。

②赤鳍病

【症状】病鳅鳍部、腹部、皮肤及肛门周围充血、溃烂，尾鳍、胸鳍发白、腐烂。

【防治方法】用 1 毫克/升浓度漂白粉全池泼洒，或用 0.5 毫克/升浓度二溴海因全箱泼洒。

③打印病

【症状】病鳅病灶浮肿、红色，呈椭圆形、圆形，酷似印章，患处主要位于尾柄两侧。

【防治方法】用 0.5 毫克/升浓度二溴海因全箱泼洒。

④寄生虫病

【症状】主要由车轮虫、舌杯虫和三代虫等寄生所致，病鳅鱼体瘦弱，常浮于水面，不安，或在水面打转，体表黏液增多，镜检可见虫体。

【防治方法】用 0.5 克/米^3 晶体敌百虫全池泼洒。

(二)无土网箱养鳅

1. 水域选择

基本上与有土养殖的相同，但最为关键的是，要保证养殖水域水流畅通。

2. 网箱的设置

网箱结构、规格参照有土网箱养殖，网衣沉入水中 50～80 厘米，上沿距水面和网箱底部距水底应各为 50 厘米以上。

3. 栽种水草

网箱中放置水草，如水葫芦或水花生等，漂浮在水面，水草覆盖面积占水面的 2/3 左右。在整个生长季节，若放养的植物生长增多，要及时捞出，始终保持水草占有 2/3 水面。

4. 鳅种放养

一般于 3 月底前，放养规格为 5～10 厘米的鳅种，放养密度为 300～500 尾/米^2，但具体的放养量还应根据养殖水体条件适当增减。

5. 饲料投喂

参照有土网箱养殖。

6. 日常管理

每天巡箱2次，加强检查，及时清除残饵等。定期洗刷网箱，防止网眼堵塞，发现网箱破损要及时修补，以防逃鱼。

无土养殖泥鳅整个生长时期全部在水中，要求水质肥爽清新，不要有异味异色。夏天生长旺季，且气温较高，要确保水体交换顺畅。

7. 病害防治

参照有土网箱养殖。

第十节 网箱养斑点叉尾鮰技术

斑点叉尾鮰(图 5-15)又名美国鮰鱼、美国沟鲶，是湖北省水产科学研究所首先从美国引进的。养殖具有适应性强，饲料来源广，抗病力好，生长快，肉质细嫩，无肌间刺，营养丰富等优点，是近几年我国水产品出口的主要品种。

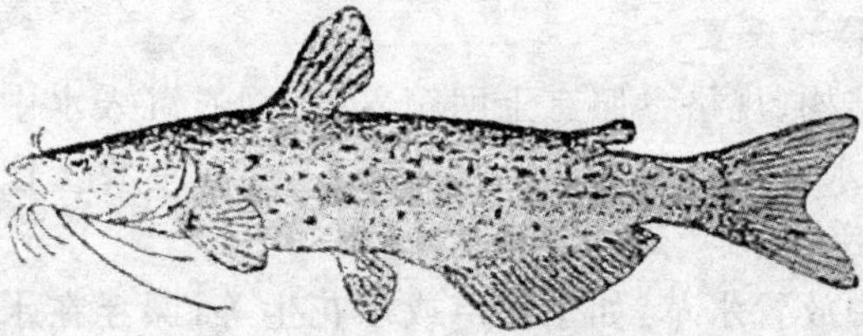

图 5-15 斑点叉尾鮰

一、与斑点叉尾鮰养殖密切相关的生物学特性

(一)栖息环境

该鱼属于底栖杂食性鱼类,性贪食。喜栖息于光线稍暗的水底层。性情温顺,喜欢集群摄食,并喜欢在弱暗光条件下摄食,具有昼伏夜出的摄食习性。虽然以底层摄食为主,但有时也游到水面上摄食。

(二)温度要求

斑点叉尾鮰是一种淡水温水性鱼类,生存适温范围 0～38℃,最适生长温度为 16～32℃。斑点叉尾鮰摄食温度范围较广,水温在 5～36℃时均能摄食,摄食最适温度为 16～34℃。水温 4～5℃开始摄食,39℃时停食,繁殖温度为 18～30℃。

(三)溶氧要求

水体中的溶氧在 3 毫克/升以上时能正常生长,耐低氧能力强,低于 0.8 毫克/升时出现浮头,0.3 毫克/升时窒息死亡。正常生长的 pH 值为 6.5～8.9。

(四)食物要求

斑点叉尾鮰属于底栖杂食性鱼类,在天然水域中幼鱼主要以浮游动物与水生昆虫为食,成鱼则以蜉蝣、各种蝇类、摇蚊幼虫、软体动物、小虾、甲壳类、绿藻类、大型水生植物、植物种子、小杂鱼等为主要食料。在人工饲养的条件下,主要靠投喂配合颗粒饲料,其蛋白质含量要达 32%以上。

二、网箱养殖斑点叉尾鮰技术

(一)网箱设置地点的选择

网箱养斑点叉尾鮰应在水质较好的水库、湖泊和流速平缓的江

河中进行，水深应达3米左右。要水质清新、水源稳定且无污染源，符合渔业用水标准。同时还要交通方便、水面宽阔、风浪较小、环境安静、无污染、微流水，过于富养化的水体不宜养殖斑点叉尾鮰。

（二）网箱的结构

由于网箱养殖斑点叉尾鮰产量较高，鱼的群体冲击力较大，网箱一般选用有结节聚乙烯网片制成，采用固定敞口式网箱，网目大小依放养的鱼种规格而定，根据湖北省水产技术推广站郭子平实践，一般进箱4厘米的鱼种需用0.8厘米网目，12厘米鱼种需用2厘米网目。18厘米以上可以进成鱼箱，成鱼箱网目一般用3～4厘米。网箱大小一般在30～50米^2，箱高1.5～2米。

（三）网箱的设置

网箱与网箱之间成“一”字形排列，横向朝向水流，网箱底部离开水底50厘米以上，网箱露出水面20～30厘米。箱与箱间距5米以上；各排之间的间距应20米以上。网箱应在鱼种入箱前10天设置好，以便网衣在水中附着藻类，从而降低对鱼种的损伤。网箱入水前，必须仔细检查网箱有无破损等现象，并及时加固、修复。

（四）鱼种放养

(1)鱼种选择　放养的鱼种要求规格整齐、活动力强、体质健壮、无病无伤、体色均匀一致，且种质纯正。要剔除那些尾巴细长、体质瘦弱和颜色灰暗的鱼种。

(2)放养时间　一般在头年11月底至翌年4月中旬前均可放养。大规格鱼种因抵抗力较强，可以提前在春节前进箱。考虑到鱼病问题，小规格鱼种最好在春季进箱。鱼种进箱时间以水温15℃以上较为适宜，切忌在越冬期间水温较低时运输鱼种，此时鱼活动量少，进入网箱后鱼一方面处于停食、半休眠状态，另一方面为适应水体环境及抗风浪影响，体力消耗很大，不易恢复，发生鱼病不易治疗，死亡率高。温差不能大于±2℃，

(3)放养规格　鱼种放养规格一般依养成规格而定,通常情况下,放养 40 克/尾的鱼种(约 15 厘米以上),年底成鱼可达 500～750 克/尾。同时可搭配部分鲢、鳙鱼种,一般规格为 5 尾/500 克左右。

(4)放养密度　一般保持在 100～150 尾/米^2,但具体密度要根据养殖水域的水体交换条件和水域的深度而定,还要结合养殖户自身的经济条件,不能千篇一律。鲢、鳙鱼一般每平方米放养 3～5 尾。

(5)鱼种消毒　所有进箱鱼种要进行消毒,可用 3%～5%的食盐水浸泡 20 分钟或 20 毫克/升高锰酸钾浸洗 5～10 分钟或 2%食盐水+青霉素 1 200 万单位浸洗 5～10 分钟。所有药物的浸泡时间以当时的鱼体忍耐程度灵活确定。

(五)饲料投喂

斑点叉尾鮰经长期驯化后,已从原先偏动物性饵料变为杂食性,目前人工饲养全部依靠全价人工配合饲料,只要选择知名品牌饲料,质量有可靠的保证。在饲料投喂上应注意以下几点。

(1)投饲方法　在大网箱中投喂配合颗粒饲料饲养斑点叉尾鮰,投喂时要遵循边抛洒边投喂的原则,一方面引诱鱼类集群抢食,做到定点投喂;另一方面做到均匀投喂,保证所有鱼类均能吃到饲料。

(2)投喂量　斑点叉尾鮰摄食量受温度影响很大,所以在投喂时要根据季节性变化调整投喂量。4—5 月份,水温在 15～25℃之间波动,网箱内的鱼种规格在 200 克以下,此时的摄食量一般在 2%～5%之间,而越冬后的 400 克以上的成鱼摄食量一般在 1%～2%之间。6—8 月份水温在 25～32℃之间波动,鱼体重在 200 克以上时,网箱中鱼的摄食量一直保持在 4%左右,9 月份以后逐步下降。正常情况下,所投饲料应在 20 分钟内吃完,每天投喂 2 次,上午占全天投喂量的 40%,下午占 60%,5～8 月份是鱼体生长高峰期，每天可适当增加1～2次投喂次数。

（六）日常管理

（1）箱体管理　对网箱的箱体要做好3方面管理，即刷箱、查箱、调箱。经常刷洗网箱污物及附着藻类，使水体充分交换。经常检查网箱，发现破损及时修补，以免跑鱼或凶猛鱼类入箱。对于水体交换能力差的水库，可以采取定期移动网箱位置的办法，将网箱调节到水质较好的位置。

（2）加强巡查记录　定期检查鱼类生长情况，认真观察、分析鱼情。发现问题及时处理。做好网箱养殖日志，记录每天水温、摄食、投喂、死鱼及病害等相关情况，以积累经验。

（七）鱼病防治

斑点叉尾鮰的鱼病防治和其他水产品养殖病害防治一样，要贯彻"无病先防、有病早治、防重于治"的方针。除定期用生石灰消毒外，还不定期使用二溴海因0.2～0.4克/米^{3}全箱泼洒，消毒池水，或用水质净化剂改良水质以预防鱼病的发生。除注意常规消毒外，坚持不喂变质饲料，并定期进行药物预防。常见成鱼鱼病如下。

1. 斑点叉尾鮰病毒性病

【病原体】叉尾鮰疱疹病毒，该病原体有高度的接触传染性病害。

【症状】病鱼通常尾部向下头浮出水面而反应迟钝或旋转游动。病鱼的鳍基部（尤其是腹鳍基部）、腹部、尾柄处出血，腹部膨大，眼球突出，苍白，脾脏肿大变黑，肾、肝、胃肠道、脾、骨骼肌肉出血或有淤血斑，腹腔内有黄色或淡红色液体、肠灰白色无食物，胃膨大有黏液分泌物。

【流行规律】该病自然暴发仅限于斑点叉尾鮰苗种阶段；流行适温为28～32℃，在水温24℃时其死亡率高达90%以上，如水温下降至20℃时其死亡率仅为12%～16%。成鱼带有病原体是传染源，能产生群体接触交叉感染力。

【防治方法】

(1)加强综合预防措施：池塘用生石灰150～200千克或$(20\sim50)\times10^{-6}$浓度的氯制剂消毒。引种时必须严格执行检疫制度，筛除带有病原体的鱼种。

(2)用二氧化氯$(0.35\sim0.4)\times10^{-6}$的浓度全箱遍洒，连续2～3天。

(3)用带有抗病毒的中草药饵料连续投喂10～12天。

2. 出血性败血病

【病原体】嗜水气单胞菌。

【症状】病鱼多聚集在塘边浅水区，呆滞抽搐，呈环状游动。不摄食，体表有圆形稀疏的溃疡，腹部肿胀，眼球突出，体腔内充满带血的液体，肾脏变软，肿大，肝脏灰白色带有小的出血点，后肠肛门常有出血症状，肠内充满带血或淡红色的黏液。

【流行规律】此病终年发生，流行季节为初夏、秋，鱼种、成鱼均可感染发病。发病与环境因子（溶氧低、水温过高、密度过大）有关。

【防治方法】

(1)发病季节用$(0.35\sim0.4)\times10^{-6}$的浓度二氧化氯全箱泼洒，连续2～3次进行预防。

(2)发病季节用$(18\sim20)\times10^{-6}$的浓度土霉素全箱泼洒。

(3)用盐酸土霉素每天每千克鱼投喂20～30毫克，连续5天。

(4)用含有防治此病中草药的饵料连续投喂10～12天。

3. 叉尾鮰肠型败血病

【病原体】叉尾鮰爱德华氏菌。

【症状】病鱼早期感染时食欲减退，严重时呈“呆水状”。慢性感染头部两眼之间的头颅顶中部腐烂成一个洞，体内有血红或淡黄色清水样腹水。内脏脂肪组织、肝脏、肠、体腔壁及切开的肌肉组织有紫斑样的出血，肾脏、肝脏、脾脏肿大，脾脏呈深红色，肝脏及胰脏有白色坏死病灶。急性感染鱼体表出血，多出现在头部的凳颌，眼眶周缘、腹部、体侧或鳍的基部。体侧表皮受损形成一个开口小溃疡，眼睛突出，鳃片灰白，肿大。

【流行规律】斑点叉尾鮰各个生长期对爱德华氏菌较易感染，以大规格鱼种感染最为严重，发病水温为12～28℃，流行季节为春季(5—6月份)与秋季(9—10月份)。引发此病多为放养成密度过大，水体溶氧长期偏低，池塘有机物沉积过多。饲养设施不完善，水源水质较差等因素所致。

【防治方法】

(1)用(0.35～0.4)$\times 10^{-6}$浓度的二氧化氯全箱泼洒，连续2～3天。

(2)用(15～20)$\times 10^{-6}$浓度的土霉素全箱泼洒，连续3～5天。

(3)用防治爱德华氏菌中草药饵料进行投喂，连续8～10天有效防治此病发生。

4. 水霉病

【病原体】水霉或绵霉。

【症状】病鱼鳍、鳃、口、眼及体表出现小块或大块的白色或褐色由菌丝体或菌丝形成的棉花状团。

【发病规律】水霉病终年均可发生。水温上升至18℃时最易发生此病。各种方式损害鱼体均可引发此病。

【防治方法】

(1)运输的鱼必须用2%的盐水加1 200万单位的青霉素浸泡鱼体5～8分钟。

(2)用治水霉病的中草药3千克煮水全箱泼洒。

附　录

附录1　无公害食品
淡水养殖用水水质(NY 5051—2001)

1.1　范围

本标准规定了淡水养殖用水水质要求、测定方法、检验规则和结果判定。

本标准适用于淡水养殖用水。

1.2　规范性引用文件

下列文件中的条款通过本标准的引用而成为本标准的条款。凡是注日期的引用文件,其随后所有的修改单(不包括勘误的内容)或修订版均不适用于本标准,然而,鼓励根据本标准达成协议的各方研究是否可使用这些文件的最新版本。凡是不注日期的引用文件,其最新版本适用于本标准。

GB/T 5750 生活饮用水标准检验法

GB/T 7466 水质 总铬的测定

GB/T 7468 水质 总汞的测定 冷原子吸收分光光度法

GB/T 7469 水质 总汞的测定 高锰酸钾-过硫酸钾消解法 双硫腙分光光度法

GB/T 7470 水质 铅的测定 双硫腙分光光度法

GB/T 7471 水质 镉的测定 双硫腙分光光度法

GB/T 7472 水质 锌的测定 双硫腙分光光度法

GB/T 7473 水质 铜的测定 2,9-二甲基-1,10-菲啰啉分光光度法

GB/T 7474 水质 铜的测定 二乙基二硫代氨基甲酸钠分光光度法

GB/T 7475 水质 铜、锌、铅、镉的测定 原子吸收分光光度法

GB/T 7482 水质 氟化物的测定 茜素磺酸锆目视比色法

GB/T 7483 水质 氟化物的测定 氟试剂分光光度法

GB/T 7484 水质 氟化物的测定 离子选择电极法

GB/T 7485 水质 总砷的测定 二乙基二硫代氨基甲酸银分光光度法

GB/T 7490 水质 挥发酚的测定 蒸馏后 4-氨基安替比林分光光度法

GB/T 7491 水质 挥发酚的测定 蒸馏后溴化容量法

GB/T 7492 水质 六六六、滴滴涕的测定 气相色谱法

GB/T 8538 饮用天然矿泉水检验方法

GB 11607 渔业水质标准

GB/T 12997 水质 采样方案设计技术规定

GB/T 12998 水质 采样技术指导

GB/T 12999 水质 采样样品的保存和管理技术规定

GB/T 13192 水质 有机磷农药的测定 气相色谱法

GB/T 16488 水质 石油类和动植物油的测定 红外光度法

水和废水监测分析方法

1.3 要求

1.3.1 淡水养殖水源应符合 GB 11607 规定。

1.3.2 淡水养殖用水水质应符合附表 1-1 的要求。

附表 1-1　淡水养殖用水水质要求　　毫克/升

序号	项目	标准值
1	色、臭、味	不得使养殖水体带有异色、异臭、异味
2	总大肠菌群(个/L)	≤5 000
3	汞	≤0.000 5
4	镉	≤0.005
5	铅	≤0.05
6	铬	≤0.1
7	铜	≤0.01
8	锌	≤0.1
9	砷	≤0.05
10	氟化物	≤1
11	石油类	≤0.05
12	挥发性酚	≤0.005
13	甲基对硫磷	≤0.000 5
14	马拉硫磷	≤0.005
15	乐果	≤0.1
16	六六六(丙体)	≤0.002
17	DDT	≤0.001

1.4　测定方法

淡水养殖用水水质测定方法见附表 1-2。

附表 1-2　淡水养殖用水水质测定方法

序号	项目	测定方法	测试方法标准编号	检测下限(毫克/升)
1	色、臭、味	感官法	GB/T 5750	—
2	总大肠菌群	(1)多管发酵法 (2)滤膜法	GB/T 5750	—

续附表 1-2

序号	项目	测定方法		测试方法标准编号	检测下限（毫克/升）
3	汞	(1)原子荧光光度法		GB/T 8538	0.000 05
		(2)冷原子吸收分光光度法		GB/T 7468	0.000 05
		(3)高锰酸钾-过硫酸钾消解双硫腙分光光度法		GB/T 7469	0.002
4	镉	(1)原子吸收分光光度法		GB/T 7475	0.001
		(2)双硫腙分光光度法		GB/T 7471	0.001
5	铅	(1)原子吸收分光光度法	螯合萃取法	GB/T 7475	0.01
			直接法		0.2
		(2)双硫腙分光光度法		GB/T 7470	0.01
6	铬	二苯碳二肼分光光度法(高锰酸盐氧化法)		GB/T 7466	0.004
7	砷	(1)原子荧光光度法		GB/T 8538	0.000 04
		(2)二乙基二硫代氨基甲酸银分光光度法		GB/T 7485	0.007
8	铜	(1)原子吸收分光光度法	螯合萃取法	GB/T 7475	0.001
			直接法		0.05
		(2)二乙基二硫代氨基甲酸钠分光光度法		GB/T 7474	0.010
		(3)2,9-二甲基-1,10-菲啰啉分光光度法		GB/T 7473	0.06
9	锌	(1)原子吸收分光光度法		GB/T 7475	0.05
		(2)双硫腙分光光度法		GB/T 7472	0.005
10	氟化物	(1)茜素磺酸锆目视比色法		GB/T 7482	0.05
		(2)氟试剂分光光度法		GB/T 7483	0.05
		(3)离子选择电极法		GB/T 7484	0.05

续附表 1-2

序号	项目	测定方法	测试方法标准编号	检测下限（毫克/升）
11	石油类	(1)红外分光光度法	GB/T 16488	0.01
		(2)非分散红外光度法		0.02
		(3)紫外分光光度法	《水和废水监测分析方法》（国家环保局）	0.05
12	挥发酚	(1) 蒸馏后 4-氨基安替比林分光光度法	GB/T 7490	0.002
		(2)蒸馏后溴化容量法	GB/T 7491	—
13	甲基对硫磷	气相色谱法	GB/T 13192	0.000 42
14	马拉硫磷	气相色谱法	GB/T 13192	0.000 64
15	乐果	气相色谱法	GB/T 13192	0.000 57
16	六六六	气相色谱法	GB/T 7492	0.000 004
17	DDT	气相色谱法	GB/T 7492	0.000 2

注：对同一项目有两个或两个以上测定方法的，当对测定结果有异议时，方法(1)为仲裁测定方法。

1.5　检验规则

检测样品的采集、贮存、运输和处理按 GB/T 12997、GB/T 12998 和 GB/T 12999 的规定执行。

1.6　结果判定

本标准采用单项判定法，所列指标单项超标，判定为不合格。

附录2　无公害食品
渔用配合饲料安全限量(NY 5072—2002)

2.1　范围

本标准规定了渔用配合饲料安全限量的要求、试验方法、检验规则。

本标准适用于渔用配合饲料的成品，其他形式的渔用饲料可参照执行。

2.2　规范性引用文件

下列文件中的条款通过本标准的引用而成为本标准的条款。凡是注日期的引用文件，其随后所有的修改单(不包括勘误的内容)或修订版均不适用于本标准，然而，鼓励根据本标准达成协议的各方研究是否可使用这些文件的最新版本。凡是不注日期的引用文件，其最新版本适用于本标准。

GB/T 5009.45—1996 水产品卫生标准的分析方法

GB/T 8381—1987 饲料中黄曲霉素 B_1 的测定

GB/T 9675—1988 海产食品中多氯联苯的测定方法

GB/T 13080—1991 饲料中铅的测定方法

GB/T 13081—1991 饲料中汞的测定方法

GB/T 13082—1991 饲料中镉的测定方法

GB/T 13083—1991 饲料中氟的测定方法

GB/T 13084—1991 饲料中氰化物的测定方法

GB/T 13086—1991 饲料中游离棉酚的测定方法

GB/T 13087—1991 饲料中异硫氰酸酯的测定方法

GB/T 13088—1991 饲料中铬的测定方法

GB/T 13089—1991 饲料中噁唑烷的测定方法

GB/T 13090—1991 饲料中六六六、滴滴涕的测定方法

GB/T 13091—1991 饲料中沙门氏菌的测定方法

GB/T 13082—1991 饲料中霉菌的测定方法

GB/T 14699.1—1991 饲料采样方法

GB/T 17480—1991 饲料中黄曲霉素 B_1 的测定 酶联免疫吸附法

NY 5071 无公害食品 渔用药物使用准则

SC 3501—1996 鱼粉

SC/T 3502 鱼油

《饲料药物添加剂使用规范》(中华人民共和国农业部公告(2001)第[168]号)

《禁止在饲料饮用水中使用的药物品种目录》(中华人民共和国农业部公告(2002)第[176]号)

《食品动物禁用的兽药及其他人合物清单》(中华人民共和国农业部公告(2002)第[193]号)

2.3　要求

2.3.1　原料要求

(1)加工渔用饲料所用原料应符合各类原料标准的规定,不得使用受潮、生虫、腐败变质及受到石油、农药、有害金属等污染的原料。

(2)皮革粉应经过脱铬、脱毒处理。

(3)大豆原料应经过破坏蛋白酶抑制因子的处理。

(4)鱼粉的质量应符合 SC 3501 的规定。

(5)鱼油的质量应符合 SC/T 3502 中二级精制鱼油的要求。

(6)使用的药物添加剂种类及用量应符合 NY 5071、《饲料药物添加剂使用规范》、《禁止在饲料饮用水中使用的药物品种目录》、《食品动物禁用的兽药及其他人合物清单》的规定;若有新的公告发布,按新规定执行。

2.3.2 安全指标

渔用配合饲料的安全指标限量应符合附表 2-1 规定。

附表 2-1 渔用配合饲料的安全指标限量 毫克/千克

项目	限量	适用范围
铅(以 Pb 计)	≤5.0	各类渔用配合饲料
汞(以 Hg 计)	≤0.5	各类渔用配合饲料
无机砷(以 As 计)	≤3	各类渔用配合饲料
镉(以 Cd 计)	≤3	海水鱼类、虾类配合饲料
	≤0.5	其他渔用配合饲料
铬(以 Cr 计)	≤10	各类渔用配合饲料
氟(以 F 计)	≤350	各类渔用配合饲料
游离棉酚	≤300	温水杂食性鱼类、虾类配合饲料
	≤150	冷水性鱼类、海水鱼类配合饲料
氰化物	≤50	各类渔用配合饲料
多氯联苯	≤0.3	各类渔用配合饲料
异硫氰酸酯	≤500	各类渔用配合饲料
噁唑烷硫酮	≤500	各类渔用配合饲料
油脂酸价(KOH)	≤2	渔用育苗配合饲料
	≤6	渔用育成配合饲料
	≤3	鳗鲡育成配合饲料
黄曲霉素 B_1	≤0.01	各类渔用配合饲料
六六六	≤0.3	各类渔用配合饲料
滴滴涕	≤0.2	各类渔用配合饲料
沙门氏菌(cfu/25 克)	不得检出	各类渔用配合饲料
霉菌(cfu/克)	$\leqslant 3\times10^4$	各类渔用配合饲料

2.4 检验方法

2.4.1 铅的测定 按 GB/T 13080—1991 规定进行。

2.4.2 汞的测定 按 GB/T 13081—1991 规定进行。

2.4.3　无机砷的测定　按 GB/T 5009.45—1996 规定进行。

2.4.4　镉的测定　按 GB/T 13082—1991 规定进行。

2.4.5　铬的测定　按 GB/T 13088—1991 规定进行。

2.4.6　氟的测定　按 GB/T 13083—1991 规定进行。

2.4.7　游离棉酚的测定　按 GB/T 13086—1991 规定进行。

2.4.8　氰化物的测定　按 GB/T 13084—1991 规定进行。

2.4.9　多氯联苯的测定　按 GB/T 9675—1988 规定进行。

2.4.10　异硫氰酸酯的测定　按 GB/T 13087—1991 规定进行。

2.4.11　噁唑烷硫酮的测定　按 GB/T 13089—1991 规定进行。

2.4.12　油脂酸价的测定　按 SC 3501—1996 规定进行。

2.4.13　黄曲霉素 B_1 的测定　按 GB/T 8381—1987、GB/T 17480—1998 规定进行，其中 GB/T 8381—1987 为仲裁方法。

2.4.14　六六六、滴滴涕的测定　按 GB/T 13090—1991 规定进行。

2.4.15　沙门氏菌的检验　按 GB/T 13091—1991 规定进行。

2.4.16　霉菌的检验　按 GB/T 13092—1991 规定进行。

2.5　检验规则

2.5.1　抽样

以生产企业中每天(班)生产的成品为一检验批，按批号抽样。在销售者或用户处按产品出厂包装的标示批号抽样。

2.5.2　抽样

渔用配合饲料产品的抽样按 GB/T 14699.1—1993 规定执行。

批量在 1 吨以下时，按其袋数的 1/4 抽取。批量在 1 吨以上时，抽样袋数不少于 10 袋。沿堆积立面以“×”形或“W”形对各袋抽取。产品未堆垛时应在各部位随机抽取，样品抽取时一般应用钢管或铜制管制成的槽形取样品。由各袋取出的样品应充分混匀后按四分法分别留样。每批饲料的检验用样不少于500克。另有同样数量的样品作留样备查。

作为抽样应有记录，内容包括：样品名称、型号、抽样时间、地点、产品批号、抽样数量、抽样人签字等。

2.5.3 判定

(1)渔用配合饲料中所检的各项安全指标均应符合标准要求。

(2)所检安全指标中有一项不符合标准规定时，允许加倍抽样将此项指标复验一次，按复验结果判定本批产品是否合格。经复验后所检指标仍不合格的产品则判为不合格品。

附录3　无公害食品
水产品中渔药残留限量(NY 5070—2002)

3.1　范围

本标准规定了无公害水产品中渔药及通过环境污染造成的药物残留的最高限量。

3.2　规范性引用文件

下列文件中的条款通过本标准的引用而成为本标准的条款。凡是注日期的引用文件，其随后所有的修改单(不包括勘误的内容)或修订版均不适用于本标准，然而，鼓励根据本标准达成协议的各方研究是否可使用这些文件的最新版本。凡是不注日期的引用文件，其最新版本适用于本标准。

NY 5029—2001 无公害食品 猪肉

NY 5071 无公害食品 渔用药物使用准则

SC/T 3303—1997 冻烤鳗

SN/T 0179—1993 出口肉中喹乙醇残留量检验方法

SN 0206—1993 出口活鳗鱼中噁喹酸残留量检验方法

SN 0208—1993 出口肉中十种磺胺残留量检验方法

SN 0530—1996 出口肉品中呋喃唑酮残留量的检验方法 液相色谱法

3.3　术语和定义

下列术语和定义适用于本标准。

3.3.1　渔用药物(fishery drugs)

用以预防、控制和治疗水产动、植物的病、虫、害，促进养殖品种健康生长，增强机体抗病能力以及改改善养殖水体质量的一切物质，简称"渔药"。

3.3.2　渔药残留(residues of fishery drugs)

在水产品的任何食用部分中渔药的原型化合物或/和其代谢产物，并包括与药物本体有关杂质的残留。

3.3.3 最高残留限量(maximum residue Limit, MRL)

允许存在于水产品表面或内部(主要指肉与皮或/和性腺)的该药(或标志残留物)的最高量/浓度(以鲜重计，表示为：微克/千克或毫克/千克)。

3.4 要求

3.4.1 渔药使用

水产养殖中禁止使用国家、行业颁布的禁用药物，渔药使用时按NY 5071的要求进行。

3.4.2 水产品中渔药残留限量要求

水产品中渔药残留限量要求见附表3-1。

附表3-1 水产品中渔药残留限量

药物类别		药物名称		指标(MRL)(微克/千克)
		中文	英文	
抗生素类	四环素类	金霉素	Chlortetracycline	100
		土霉素	Oxytetracycline	100
		四环素	Tetracycline	100
	氯霉素类	氯霉素	Chloramphenicol	不得检出
磺胺类及增效剂		磺胺嘧啶	Sulfadiazine	100(以总量计)
		磺胺甲基嘧啶	Sulfamerazine	
		磺胺二甲基嘧啶	Sulfadimidine	
		磺胺甲噁唑	Sulfamethoxaozole	
		甲氧苄啶	Trimethoprim	50
喹诺酮类		噁喹酸	Oxilinic acid	300
硝基呋喃类		呋喃唑酮	Furazolidone	不得检出
其他		己烯雌酚	Diethylstilbestrol	不得检出
		喹乙醇	Olaquindox	不得检出

3.5　检测方法

3.5.1　金霉素、土霉素、四环素

金霉素测定按 NY 5029—2001 附录 B 中规定执行，土霉素、四环素按 SC/T 3303—1997 中附录 A 规定执行。

3.5.2　氯霉素

氯霉素残留量的筛选测定方法按本标准中附录 A 执行，测定按 NY 5029—2001 中附录 D(气相色谱法)的规定执行。

3.5.3　磺胺类

磺胺类中的磺胺甲基嘧啶、磺胺二甲基嘧啶的测定按 SC/T 3303 的规定执行，其他磺胺类按 SN/T 0208 的规定执行。

3.5.4　噁喹酸

噁喹酸的测定按 SN/T 0206 的规定执行。

3.5.5　呋喃唑酮

呋喃唑酮的测定按 SN/T 0530 的规定执行。

3.5.6　己烯雌酚

己烯雌酚留量的筛选测定方法按本标准中附录 B 规定执行。

3.5.7　喹乙醇

喹乙醇的测定 SN/T 0197 的规定执行。

3.6　检验规则

3.6.1　检验项目

按相应的产品标准的规定项目进行。

3.6.2　抽样

3.6.2.1　组批原则

同一水产养殖场内，在品种、养殖时间、养殖方法基本方式基本相同的养殖水产品为一批(同一养殖池，或多个养殖池)；水产加工品按批号抽样，在原料及生产条件基本相同下同一天或同一班组生产的产品为一批。

3.6.2.2 抽样方法

(1)养殖水产品。随机从各养殖池抽取有代表性的样品，取样量见附表 3-2。

附表 3-2 取样量 尾/只

生物数量	取样量
500 以内	2
500～1 000	4
1 001～5 000	10
5 001～10 000	20
≥10 001	30

(2)水产加工品。每批抽取样本以箱为单位，100 箱以内取 3 箱，以后每增加 100 箱(包括不足 100 箱)则抽 1 箱。

按所取样本从每箱内各抽取样品不少于 3 件，每批取样量不少于 10 件。

3.6.3 取样和样品的处理

采集的样品应分成两等份，其中一份作为留样。从样本中取有代表性的样品，装入适当容器，并保证每份样品都能满足分析的要求；样品的处理按规定的方法进行，通过细切、绞肉机绞碎、缩分，使其混合均匀；鱼、虾、贝、藻等各类样品量不少于 200 克。各类样品的处理方法如下：

(1)鱼类。先将鱼体表面杂质洗净，去掉鳞、内脏，取肉(包括脊背和腹部)肉和皮一起绞碎，特殊要求除外。

(2)龟鳖类。去头、放出血液，取其肌肉包括裙边，绞碎后进行测定。

(3)虾类。洗净后，去头、壳，取其肌肉进行测定。

(4)贝类。鲜的、冷冻的牡蛎、蛤蜊等要把肉和体液调制均匀后进行分析测定。

(5)蟹。取肉和性腺进行测定。

(6)混匀的样品,如不及时分析,应置于清洁、密闭的玻璃容器,冰冻保存。

3.6.4　判定规则

按不同产品的要求所检的渔药残留各指标均应符合本标准的要求,各项指标中的极限值采用修约值比较法。超过限量标准规定时,允许加倍抽样将此项指标复验一次,按复验结果判定本批产品是否合格。经复检后所检指标仍不合格产品判为不合格品。

(附录 A、B、D 略)

附录 4　淡水网箱养鱼通用技术要求
(SC/T 1006—1992)

4.1　主题内容与适用范围

本标准规定了淡水网箱养鱼的环境条件、网箱选择、网箱设置、鱼种放养、饲养管理的技术要求。

本标准适用于各类淡水水域中的网箱养鱼。

4.2　引用标准

GB 11607 渔业水质标准

GB 9956 青鱼鱼苗、鱼种质量标准

GB/T 11776 草鱼鱼苗、鱼种质量标准

GB/T 11777 鲢鱼鱼苗、鱼种质量标准

GB/T 11778 鳙鱼鱼苗、鱼种质量标准

GB 10030 团头鲂鱼苗、鱼种质量标准

GB 10023 渔用乙纶单丝

SC 141 乙纶渔网线

SC/T 1007 淡水网箱养鱼操作技术规程

4.3　环境条件

4.3.1　水温

养鱼水体的水温见附表 4-1。

附表 4-1　养鱼水体的水温

饲养期间水温变幅	饲养期间积温	适宜鱼类
8～20		冷水性鱼类
15～32	≥2 800	暖水性鱼类

4.3.2　水质

水质应符合 GB 11607 的规定。透明度大于 1 米时,适宜放养

吃食性鱼类;透明度小于1米,且浮游生物量湿重大于4毫克/升时,适宜放养滤食性鱼类。

4.3.3　水源

水源充足,水位相对稳定,常年落差不宜太大。

4.3.4　水流、风浪、航道

水流:应小于0.2米/秒。当水流大于0.2米/秒时,迎水面应有金属网等挡水设施。如水流中带有草木和其他漂浮物时,还应有拦渣设施。

风浪:如风浪可能危及网箱安全,迎风面应有挡浪设施。

航道:网箱设置处应避开航道。

4.4　网箱选择

4.4.1　网箱规格系列

常用网箱的规格系列见附表4-2。

附表4-2　常用网箱的规格

单个网箱面积（$米^2$）	系列尺寸（米）	
	长×宽	高
<30	3×3　4×3　5×3　4×4　5×5　7×4	2～3
30～60	8×4　7×5　6×6　8×5　8×6　9×5　10×6　12×5	
>60	9×9　12×8　14×8	

4.4.2　箱体

4.4.2.1　材料

箱体的常用材料有合成纤维网片、金属网片、棉线网片、麻线网片和塑料压延网片等。生产上一般采用合成纤维网。乙纶单丝网的材料应符合GB 10023的规定,乙纶线网的材料应符合SC 141的规定。

4.4.2.2 形状

饲养吃食性鱼类的宜采用正方体网箱，饲养滤食性鱼类的宜采用长方体网箱。

4.4.2.3 结构

(1)浮动式网箱有敞开式和封闭式两种。敞开式网箱由边网和底网构成；封闭式网箱用盖网封闭网箱上口。

(2)沉式(升降式)网箱为封闭式网箱。饲养吃食性鱼类，其盖网上连接一个开口于水面的投饵口。

(3)网箱的箱体可为双层网箱，内网箱与外网箱之间的间距为0.2～0.3米。

4.4.2.4 网目

(1)网目大小以箱内饲养的鱼类不能逃逸为度，网目大小与鱼体全长的关系参照以下公式：

鲤鱼、鲢鱼、鳙鱼 $a<0.130L$

草鱼 $a<0.105L$

罗非鱼 $a<0.160L$

团头鲂 $a<0.200L$

以上各式中，L 为放养鱼体的全长(厘米)；a 为网目单脚长度(厘米)。

注：网目大小允许误差为±1毫米。

(2)乙纶渔网线材料的网箱、网目大小与网箱种类的关系见附表4-3。

附表4-3 网箱、网目大小与网箱种类的关系

网箱种类	网目大小(厘米)	网线规格
培育鱼种网箱	1～1.3	36 te×1×3
	1～1.5	36 te×2×2
	1.6～2.5	36 te×2×3
	2～3	36 te×2×3

续附表 4-3

网箱种类	网目大小(厘米)	网线规格
饲养食用鱼网箱	2.4～3	36 te×3×3
	5	36 te×4×3
	6	36 te×5×3

4.4.3　网箱装配

定形缩结系数:垂直方向为 0.7～0.8;水平方向为 0.6～0.7。

4.4.4　网箱附属设施

4.4.4.1　框架

材料见附表 4-4,形状依箱体定。框架应平整、牢固、形状稳定。

4.4.4.2　浮子

材料见附表 4-4,形状无固定要求,依材料定。浮力足够,并应留有一定的安全系数。

4.4.4.3　沉子

材料见附表 4-4。形状依材料定。沉降力足够保持箱体形状。

4.4.4.4　固定物

材料见附表 4-4。

(1)浮动式网箱采用抛锚定位,锚缆长为水深的 2～4 倍,离岸近的也可用缆绳固定于岸上的固定物(树木、大石头)或桩柱上,缆绳连接网箱组一端置一浮筒、浮桶或同等浮力的浮子。

附表 4-4　网箱附属设施

构件名称	适用材料
框架	竹竿、木杆、木条、金属构件、塑料构件
浮子	塑料浮子、密闭汽油桶、密闭塑料管、金属浮筒、玻璃钢浮球

续附表 4-4

构件名称		适用材料
框架		竹竿、木杆、木条、金属构件、塑料构件
沉子		各型金属沉子、有孔砖、石块
固定物	缆绳	合成纤维绳、钢丝绳、钢芯绳、铁丝、综绳、麻绳
	锚	铁锚、石块、混凝土预制块
	桩柱	木桩、竹桩、混凝土柱桩
投饵设备		专用投饵机、饵料台、饵料盘
浮码头		囤船、浮子、枕木或竹、木平台、塑料构件
栈桥	脚桩	木桩、竹桩、混凝土柱桩
	桥体	浮子、竹跳板、木板、枕木、竹竿、木条、金属构件、塑料构件

(2)固定式网箱一般在水下打桩定位、定形，每根桩应打入土中 0.80 米以上。

4.4.4.5　投饵设备

机械投饵网箱有投饵机，根据饲养对象的摄食特点可在网箱内设投饵台或饵料盘。

4.4.4.6　浮码头

由囤船或浮子加竹、木、塑料构成平台，以能平稳卸置一船次或一组次饵料以上为度，有栈桥与岸相连接的网箱，不设浮码头。

4.4.4.7　栈桥

材料见附表 4-4。桥宽大于 0.40 米，浮力和厚度至少能平稳承受 4 倍于网箱操作人员重量，有脚桩的栈桥，不设浮子，单个网箱不设栈桥。

4.5　网箱设置

4.5.1　设置地点

养鱼网箱应设置在交通方便，不受洪水直接冲击，避大风，且向阳的地方。饲养滤食性鱼类的网箱宜置于湖湾、库汊、沿岸浅水区。饲养吃食性鱼类的网箱宜置于水面宽阔、水体交换好的地方。

浮动式网箱一般设置在风浪、水深、水流量不大的水域；固定式网箱一般设置在风浪、水流量大、水位落差小，宜于打桩的水域；沉式（升降式）网箱宜设置在水深，风浪大或水面易结冰的水域。

4.5.2　网箱设置处水深应大于 4 米，网箱底部与水底的距离大于 1.5 米。

4.5.3　设置密度

在静水水域中，饲养滤食性鱼类的网箱总面积应少于水域面积的 1%；饲养吃食性鱼类的网箱总面积应少于水域面积的 0.25%。

4.5.4　设置型式

网箱的设置型式见附表 4-5。

附表 4-5　网箱的设置型式

排列方式网	网箱间距	箱组间距	适宜网箱
品字形	3～5	≥50	大、中型箱
倒“八”字形或串联式	1～2	≥30	中、小型箱
棱形或“田”字形	1～2	≥15	小型箱

4.6　鱼种放养

4.6.1　鱼种质量

进箱饲养的各种鱼鱼种质量应分别符合 GB 9956，GB/T 11776，GB/T 11777，GB/T 11778 和 GB 10030 的规定。其他鱼种也应要求品种纯、生长良好、体质健壮、无疾病、规格整齐。

4.6.2　网箱培育鱼种

(1)进箱规格、出箱规格、参考密度见附表 4-6。

附表 4-6 进箱规格、出箱规格、参考密度

饲养种类	进箱规格(厘米)	出箱规格(克/尾)	参考密度尾(米^3)
鲤鱼	—	>30	400～600
草鱼	—	>50	400～500
罗非鱼	4.0～6.7	>20	—
团头鲂	—	>30	—
鲢	—	>30	75～250
鳙	—	>50	75～250

(2)放种时间视水温而定,一般在6月底以前。

4.6.3 网箱饲养食用鱼

(1)进箱规格、出箱规格、放养量见附表4-7。

附表 4-7 进箱规格、出箱规格、放养量

饲养种类	进箱规格(克/尾)	出箱规格(克/尾)	参考密度(千克/米^3)
鲤鱼	30～150	>400	4～13
草鱼	50～150	>750	4～8
罗非鱼	20～50	>200	3～8
团头鲂	30～50	>200	—
鲢	130～180	>750	—
鳙	200～350	>750	—

(2)放鱼种时间视水温而定。对于暖水性鱼类,春季水温13～15℃、秋季水温15～18℃时放养。

(3)年龄选择:除雌缩鱼外,进箱鱼种应选择1冬龄以内的幼龄鱼。

4.7 饲养管理

4.7.1 投饵

(1)投喂的饵料应符合饲养对象的营养需要。

(2)颗粒饵料的粒径大小必须符合饲养对象的适口性。如鲤鱼、罗非鱼、虹鳟鱼体大小与饵料粒径大小的关系见附录A表A1。

(3)投饵方法与投饵量见SC/T 1007《淡水网箱养鱼 操作技术规程》。

4.8　网箱管理

见SC/T 1007第6章的规定。

4.9　鱼病防治

见SC/T 1007第8章的规定。

附录A

表A1　鲤鱼、罗非鱼、虹鳟鱼鱼体大小与饵料粒径大小的关系(参考件)

养殖对象	颗粒饵料的粒径(毫米)	鱼的大小	
		体重(克)	体长(厘米)
鲤鱼	— 0.5～1.0 0.8～1.5 1.5～2.4	<1.0 1.0～3.0 3.0～7.0 7.0～12.0	<4.5 4.5～5.8 5.8～7.4 7.4～9.4
	2.5 3.5 4.5 6.0	12～50 50～100 100～300 >300	9.4～15 15～18 18～23 >23
罗非鱼	— 0.2～0.6 0.8～1.5 1.5～2.4 2.5	<1 — 1～10 10～50 50～500	<1 — 3～6 6～10 10～23
	3.2 4.8 6.4	>500	>23

续表 A1

养殖对象	颗粒饵料的粒径（毫米）	鱼的大小	
		体重（克）	体长（厘米）
虹鳟	0.3～0.5 0.5～1.5 0.8～1.5 1.5～2.4	＜0.4 0.4～2 2～4 4～7	＜3 3～5 5～7 7～8.5
	2.4 3.2 4.8 8.0	7～14 14～40 40～250 ＞250	8.5～10 10～15 15～30 ＞30

附录5　淡水网箱养鱼操作技术规程
(SC/T 1007—1992)

5.1　主题内容与适用范围

本标准规定了淡水网箱养鱼的网箱安装、鱼种进箱、投饵、网箱管理及鱼病防治等操作技术。

本标准适用于各类淡水水域中的网箱养鱼。

5.2　引用标准

SC/T 1006　淡水网箱养鱼 通用技术要求

5.3　网箱的安装

(1)按 SC/T 1006 中第 4 章的规定选择所需的网箱和附属设施进行组装。

(2)浮子与沉子以等距离分别安装在网箱的上纲与下纲。

(3)所有扎结应牢固,不得松脱。

(4)组装好的网箱下水前应仔细检查,发现破洞、开缝,立即进行修补。

(5)网箱在水中的固定见 SC/T 1006 中 4.4.4.1 的规定。

5.4　鱼种进箱

5.4.1　检查网箱有无破损。

5.4.2　鱼种进箱前 7～10 天将网箱置于选择好的水域。

5.4.3　鱼种消毒。

进箱鱼种应进行消毒处理(附表 5-1)。

附表 5-1　鱼种消毒处理

药物	浓度(毫克/升)	时间(分钟)	方法
高锰酸钾溶液	10	5～10	浸洗鱼体
食盐和小苏打溶液	食盐：1%；小苏打：1%	时间视鱼种耐受力决定	

5.4.4 同一网箱的进箱鱼种规格应一致，并一次放足。

5.5 投饵

5.5.1 投饵训练

鱼种进箱后1～2天开始投饵，初期投饵量少次多，7～10天后再按正常要求投饵，进箱鱼种若来源于网箱培育则无需投饵训练。

5.5.2 投饵量的确定

(1)饵料量的确定：根据鱼的估计增重倍数和饵料系数估算饲养期间的饵料量，若饲养期间的饵料量已知，即按水温高低逐月逐旬分配投饵量、投饵率。

例如：长江以南地区网箱养鲤鱼若总的投饵量已知，4—10月份(饲养期)的投饵量可按附表5-2分配。

附表5-2 投饵量的确定

月份	4	5	6	7	8	9	10
平均水温(℃)	13	17	22	27	28	23	16
月投饵量占总饵料量的百分比(%)	5～7	7～10	15	20	20	20～15	15～10
日投饵率(%)	2～3	3～4	3～4	3～5	3～5	2～3	1～2

注：日投饵率指每天投饵量与鱼体总重量的百分比。

(2)定期抽样检查网箱内鱼群的增重量，参照投饵率，调整投饵量。

投饵量＝网箱内鱼群的重量×投饵率

体重50克/尾以上的鲤鱼的投饵率见附录A表A1。

体重50克/尾以下的鲤鱼的投饵率见附录A表A2；罗非鱼的投饵率见附录A表A3；虹鳟的投饵率见附录A表A4。

(3)每次投饵量以70%～80%的鱼不抢食为度。

5.5.3 投饵次数、时间及其对应的鱼的规格见附表5-3。

附表 5-3　投饵次数、时间及其对应的鱼的规格

鱼的规格(克/尾)	投饵次数(次/天)	持续时间[分钟/(次·箱)]
<50	6~10	>20
>50	3~6	—

人工投饵应根据鱼群抢食情况灵活掌握投饵次数及投饵持续时间。

5.6　网箱管理

(1)随时观察鱼群情况,防止网箱破损逃鱼,7 天检查一次网箱。

(2)遇洪水、大风浪时应注意网箱位置的调整。

(3)适时移箱。

(4)根据鱼的生长情况及时换箱、分箱。

(5)做好水温、鱼病防治、投饵等日志。

(6)饲养滤食性鱼类的网箱应经常清除附着物,附着物的清除方法见附表 5-4。

附表 5 4　附着物的清除方法

人工清洗	用刷子刷洗或用竹片抽打箱体网衣
机械清洗	用高压水枪或潜水泵冲洗箱体网衣
生物清除法	在箱内放养部分(3%~5%)鲤、鲫、鲮、罗非鱼、鲴等鱼类

5.7　越冬

5.7.1　沉箱越冬

(1)越冬环境:水温大于 0.5℃,溶解氧大于 4 毫克/升,覆冰厚度小于 0.8 米,水位落差小于 0.2 米。

(2)网箱设置深度:网箱顶部与冰层的距离大于 1 米,沉箱深度冰下 2.5~3.0 米,网箱底部与水底的距离大于 1.5 米。

(3)越冬鱼群密度小于10千克/米^3。

(4)鱼类进箱时的水温小于10℃,选择无风晴朗天气进箱,操作小心,避免擦伤鱼体。待冰封前15～20天,将网箱沉到预定水层。

(5)日常管理:设置观察箱,观察鱼种越冬情况;定期测定箱内外溶氧、水温、pH值等理化因子。网箱区禁止滑冰,禁止车辆运行,及时扫除冰上积雪。

5.7.2　设置于冬季无冰封期水域的网箱可不沉箱,但应加强管理

5.8　病害防治

5.8.1　总原则

防重于治,预防为主。

5.8.2　病害预防

(1)放养、运输等操作应细心,防止鱼体受伤。

(2)病鱼、死鱼及时捞出,部分网箱发病时应注意其他未发病网箱的预防。

(3)防止鸟类伤害网箱内的鱼群。

(4)定期用漂白粉挂篓或硫酸铜挂袋,生石灰水全箱泼洒。

(5)注射疫苗。

(6)定期投喂药饵。

(7)暴雨后注意防病。

5.8.3　鱼病治疗

(1)投喂药饵或药液浸清洗鱼体。

(2)水霉病、肠炎病等病的治疗见附录B表B1。

5.9　出箱验收

(1)验收内容包括鱼的品种、数量、重量、规格、成活率、合格率,计算单产和效益。

(2)当年鱼种出箱应在秋季水温 18℃以下时进行,出箱前应适当密集锻炼;越冬鱼种出箱应在水温 15℃以下时进行,操作应小心,防止伤鱼。

附录 A、B 略

参考文献

[1] 史为良.大水面增殖与养殖学.大连水产学院,1987.

[2] 高礼存,等.湖泊网围养鱼综合技术.南京：江苏科技出版社,1988.

[3] 李文杰,等.淡水虾养殖.上海:上海科学技术出版社,1988.

[4] 江苏省水产局科教处.淡水珍品养殖技术.北京:中国农业出版社,1999.

[5] 余同章.网箱养鱼技术.北京:农业出版社,1992.

[6] 柳富荣.黄鳝网箱生态健康养殖.中国渔业报,2008.

[7] 陈金桂.网箱养鱼.济南:山东科学技术出版社,1979.

[8] 桑明强.网箱高产养鱼实用新技术.长沙:湖南科学技术出版社,1994.

[9] 张烈士.网箱养鱼与围栏养鱼.北京:金盾出版社,1993.

[10] 陆奎贤.海淡水网箱养殖技术.广州:广东科学技术出版社,1997.